スッキリ！がってん！
超音波の本

土屋隆生［編著］

同志社大学超音波応用科学研究センター［著］

電気書院

[本書の正誤に関するお問い合せ方法は，最終ページをご覧ください]

はじめに

　本書を執筆するきっかけを頂いたのは，電気書院編集部の田中和子さんからであった．はじめは，編著者が大学で使用している教科書が電気書院刊なので，講義での使用の感想を聞きに来られたように思う．その際，当方の研究にも興味を持って頂き，いろいろとお話をさせて頂いた．その後，音響シミュレーション関連の入門書を執筆しないかとのお誘いを頂いたが，音のシミュレーションという限定した内容では誰も読みませんよ，ということで何回かお話を重ねるうちに，同志社が伝統的に強い超音波の入門書が良いかなということになった．ただ，編著者は学生の時以来，超音波の研究から少し距離を置いていたので，単独執筆はできないということで，同志社大学超音波応用科学研究センターの協力を仰ぐことにした．センター長の小山大介教授，松川真美教授とこの企画について打合せをしているうちに，"超音波の同志社"を意識して，センターのメンバーのうち同志社大学の卒業生だけで執筆できるのではないか，ということで本書の執筆がスタートした．超音波の研究分野は，物があれば必ず超音波が関係すると言っても良いくらい幅広い分野であるが，同志社の卒業生を集めただけでも超音波のほとんどの分野をカバーできるのは，地味にすごいことだと感じている．

　とはいえ，超音波の専門書は，諸先輩方の名著がたくさん発刊されているうえに，高校生にも分かるように数式をなるべく使用せずに説明するというのはかなりの難題であった．したがって，個々の現象や技術を詳細に説明するのではなく，トピックを網羅的に並べる

だけになってしまったのはご容赦願いたい．ただ，図をできるだけ入れることで，それぞれの現象や技術が，おぼろげにでも把握できるようには気を付けた．特に，超音波はどのような分野とも直接関わることができる，あるいはどのような分野からも参入が可能な分野であることを意識して，広い超音波の分野に少しでも興味を持って頂けるように心がけた．本書を入り口に，超音波に興味を持ち，次のステップとして諸先輩方の専門書で深く掘り下げて頂ければと思う．将来，超音波に関係する研究者が増えるきっかけになれば幸いである．

　本書は，同志社大学超音波応用科学研究センターの次の方々の協力を得た．

執筆分担

　　手嶋優風，飛龍志津子　1.3
　　松川真美　2.4(i)(3)(d)，2.5(ii)，(iv)，3.1(iii)(3)，(4)
　　吉田憲司　2.5(i)(1)，2.6(ii)，3.1(iii)(1)
　　坂本眞一　2.5(iii)(4)，2.6(iii)，3.2(ii)(3)
　　小山大介　2.5(iii)(3)，2.6(i)，3.2(ii)(2)〜(4)，3.2(iii)
　　水野勝紀　3.1(ii)
　　高柳真司　3.3(iii)
　　土屋隆生　上記以外

2024年5月　土屋隆生

目　次

はじめに —— *iii*

① 超音波ってなあに

1.1　超音波はどんな音 —— *1*
1.2　身近にある超音波 —— *4*
（i）　身の回りにあふれる超音波 —— *4*
（ii）　超音波の身近な応用 —— *6*
1.3　生物も超音波を利用する —— *8*
（i）　コウモリ —— *8*
　（1）　エコーロケーション —— *9*
　（2）　コウモリの放射する超音波パルス —— *10*
　（3）　コウモリの超音波運用 —— *11*
　（4）　コウモリが超音波を使って知覚する世界 —— *13*
（ii）　イルカ —— *14*

② 超音波の基礎

- 2.1 振動と波の基礎 —— *17*
  - (i) 振動 —— *17*
  - (ii) 波のモデル —— *21*
  - (iii) 縦波・横波とグラフ表現 —— *22*
  - (iv) 広がりのある波 —— *24*
  - (v) 波の伝わり方とホイヘンスの原理 —— *26*
    - (1) 反射，屈折，透過 —— *27*
    - (2) 回折 —— *29*
  - (vi) 波の干渉と重ね合わせの原理 —— *30*
    - (1) 定在波 —— *30*
    - (2) 境界条件（自由端・固定端）—— *32*
    - (3) 波の共振 —— *33*
    - (4) 広がりのある波の干渉と指向性 —— *34*
    - (5) 正弦波の重ね合わせと波形 —— *36*
- 2.2 音波の基礎 —— *37*
  - (i) 音波 —— *37*
  - (ii) 音源 —— *40*
  - (iii) 音速 —— *41*
    - (1) 大気中の音速 —— *41*
    - (2) 海水中の音速 —— *43*
    - (3) 固体中の音速 —— *44*
  - (iv) 減衰 —— *45*
  - (v) 吸音 —— *48*

- (vi) 伝搬 —— 48
  - (1) 音速分布があるときの伝搬 —— 48
  - (2) 境界があるときの伝搬 —— 51
  - (3) ドップラー効果 —— 54
- 2.3 弾性/圧電振動の基礎 —— 56
  - (i) 応力とひずみ —— 56
  - (ii) 弾性振動 —— 59
  - (iii) 弾性波 —— 60
  - (iv) 圧電振動 —— 63
    - (1) 分極 —— 64
    - (2) 水晶の圧電性 —— 66
    - (3) 圧電体の特性 —— 67
    - (4) エネルギー閉じ込め —— 67
- 2.4 超音波の発生と計測 —— 68
  - (i) 超音波の発生 —— 69
    - (1) 空気中での超音波の発生 —— 69
      - (a) リボンツイータ —— 69
      - (b) 圧電型空中超音波トランスデューサ —— 70
    - (2) 水中での超音波の発生 —— 70
      - (a) 圧電型水中超音波トランスデューサ —— 71
      - (b) 磁歪型水中超音波トランスデューサ —— 72
    - (3) 固体中での超音波の発生 —— 74
      - (a) 探触子 —— 74
      - (b) EMAT —— 75
      - (c) IDT —— 76
      - (d) 光超音波 —— 77

- (4) 強力超音波の発生 —— 77
- (ii) 超音波の計測 —— 79
  - (1) 空中超音波の計測 —— 79
    - (a) コンデンサマイクロホン —— 79
    - (b) MEMSマイクロホン —— 80
    - (c) シュリーレン法 —— 80
  - (2) 水中超音波の計測 —— 81
    - (a) ハイドロホン —— 81
    - (b) 光ファイバハイドロホン —— 82
  - (3) 固体超音波の計測 —— 83
- 2.5 超音波の伝搬 —— 84
  - (i) 超音波の反射と分解能 —— 84
    - (1) パルスエコー法と距離分解能 —— 85
    - (2) 指向性と方位分解能 —— 86
    - (3) パルスドップラー法と時間分解能 —— 88
  - (ii) 複雑な媒質中の超音波伝搬 —— 89
  - (iii) 超音波の非線形現象 —— 92
    - (1) 波形ひずみ —— 93
    - (2) 和音・差音とパラメトリックアレー —— 95
    - (3) 音響放射力 —— 96
    - (4) 音響流 —— 97
  - (iv) 光と超音波 —— 99
- 2.6 超音波のパワー —— 102
  - (i) 超音波による発熱 —— 102
  - (ii) キャビテーション —— 104
  - (iii) 熱音響現象 —— 107

3 超音波の応用

3.1 信号的な応用 —— 109

(i) 空中超音波の信号的な応用 —— 110
(1) 物体検知, 距離測定 —— 110
(2) パラメトリックスピーカ —— 112

(ii) 水中超音波の信号的な応用 —— 113
(1) 水中通信 —— 113
(2) ソーナー —— 115
(3) 魚群探知機 —— 117
(4) 音響トモグラフィ —— 118
(5) 流速測定 —— 119

(iii) 生体中超音波の信号的な応用 —— 119
(1) 超音波診断装置 —— 120
(2) カラードップラー法 —— 122
(3) 骨粗鬆症診断 —— 123
(4) 光超音波イメージング —— 124

(iv) 固体中超音波の信号的な応用 —— 125
(1) 超音波探傷 —— 125
(2) 超音波顕微鏡 —— 127

3.2 動力的な応用 —— 128

(i) 空中超音波のエネルギー的応用 —— 128
(1) 超音波集塵, クリーナー —— 128
(2) 超音波マニピュレーション —— 129
(3) 熱音響システム —— 130

- (ii) 水中超音波のエネルギー的応用 —— *131*
  - (1) 超音波洗浄 —— *131*
  - (2) 超音波霧化，分散 —— *132*
  - (3) 強力集束超音波（HIFU） —— *133*
  - (4) 可変焦点レンズ —— *136*
- (iii) 固体中超音波のエネルギー的応用 —— *137*
  - (1) 超音波加工 —— *137*
  - (2) 超音波アクチュエータ —— *140*
  - (3) 圧電トランス —— *142*
- 3.3 機能的な応用 —— *143*
- (i) 水晶振動子 —— *143*
- (ii) ジャイロ —— *144*
- (iii) 弾性波デバイス —— *145*
  - (1) バルク弾性波デバイス —— *145*
  - (2) 表面弾性波デバイス —— *147*

参考文献 —— *149*
索引 —— *153*
おわりに —— *161*
編著者・著者紹介 —— *163*

超音波ってなあに

1.1 超音波はどんな音

　みなさんは「超音波」と聞いて，何を思い浮かべるだろうか？超音波という言葉は，少し怪しげな響きを持っているので，何か秘密兵器的なものを想像するかもしれない．超音波の研究者の集まりである超音波研究会は，かなり怪しいことを研究している秘密結社のように妄想する人もいるのではないか．

　ネットで「超音波」を検索すると，病院で検査してもらうときの超音波診断装置の関連項目がかなりヒットする．また，今流行の（数年後にはなつかしい）ChatGPT（チャット生成AI）に聞いてみても，用途の1つ目に超音波エコー検査などの医療応用が返ってくる．やはり，超音波は医療との関わりが大きいことが分かる．医療応用以外だと，眼鏡屋さんでメガネを洗ってもらうときの超音波洗浄装置や自動車の障害物検知センサなどの応用が知られている．最近では，超音波美顔器やHIFU（強力集束超音波（療法））といった美容分野への応用も盛んに行われているが，3.2(ii)(3)で取り上げるように，超音波の特性を知らないまま間違った使用法を続けると，健康被害が生じる場合もあるため注意が必要である．

　では，超音波のどことなく怪しげな雰囲気はどこから来るものであろうか．それはたぶん，超音波と聞いても字からはすぐにはどういうものか想像できないからではないだろうか．超音波は「超」と

1

1 超音波ってなあに

「音波」に分けられるので,音波の一種であることはすぐに分かる.したがって,超音波は音波を超えているという意味になるが,それでは音波の何が,何を超えているのだろうか.他の「超」が付く言葉,例えば超高層であれば,「高」の字からビルなどの建築物の高さがある基準を超えているのだなと分かるし,超特急であれば「急」の字から速さが特急よりも速いことが想像できる.その意味で言うと,音波という名詞には量や性質を表す文字が入っていないため,音波のどのような量や性質が,ある基準や範囲を超えているのか分かりづらい.

超音波は,周波数という物理量がヒトの聞こえる範囲を超えている音波であると一般に定義される.周波数は,図1・1のように,振動や波が1秒間に繰り返される回数のことで,振動数と呼ばれることもある.1つの山谷の周期が T [s] だとすると,1秒間に繰り返される周期の数(周波数 f)は,その逆数で表される($f = 1/T$).周波数の単位は Hz(ヘルツ)である.

ヒトが聞くことのできる音波を可聴音といい,図1・2のように周波数が20〜20 000(20k)Hz(ヘルツ)の範囲と言われているので,周波数が20 kHz以上の音波(1秒間に2万回以上振動する音波)が超音波ということになる.ただし,研究者の間では20 kHz以下の音波であっても,聞くことを目的としない音波(例えば,測定などで使用され

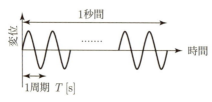

図1・1　正弦波と周波数

1.1 超音波はどんな音

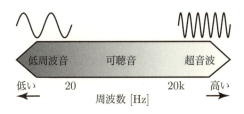

図1・2 可聴音と超音波の周波数

る音波)も超音波に分類されることがある．

　超音波は，物理に関する用語の1つであるのにもかかわらず，定義がヒトを基準としているのは少々違和感を感じるかもしれない．ただ，光の場合もヒトが感じる範囲の外にある光を赤外線や紫外線などと表現するように，ヒトが感じることができる物理量ではヒトの感覚が基準になる場合もある．それだけ音波はヒトにとって身近であることの証であろう．このように，超音波は周波数が 20 kHz を超えているだけで，他の特性は可聴音と何ら変わらない音波の一種である．もちろん，周波数が高くなることで，ある特性が可聴音よりも顕著に現れることはあるが，超音波だからといって可聴音と全く異なる性質が突然現れることはない．

　さて，これまで説明したように超音波は音波の一種であるが，波として遠くへは伝わらない振動も超音波の中に含まれている．振動は，波のように広がらない周期的な変動である．超音波振動の場合も，主に周波数が 20 kHz 以上の振動を単に超音波と呼んでいる．超音波振動は，遠くへは伝わらないが一般的には強力な振動により，物理的に何らかの作用を生じさせる応用が知られている．このように，超音波は波と振動の両面を有する広い概念を包括している．

1 超音波ってなあに

1.2 身近にある超音波

さて，超音波の物理的な性質などの詳細は第2章で詳しく説明するが，ここでは身近な超音波について解説する．

(i) 身の回りにあふれる超音波

みなさんは，近年，建物の入り口や地下鉄の階段などでキュンという音が聞こえる機会が増えたと感じてはいないだろうか．年齢が上がると，さほど気にはならないが，若い人には不快な音として受け止められているようである．実は，この音は，超音波に近い周波数で主にネズミなどの害獣を撃退する目的で放射(音波を発すること，送波ともいう)されている．周波数は，20〜40 kHz 程度で，可聴域を超えているため平均的には聞こえないとされているが，若いと聞こえる人も多い．断続的な音の場合は，空気の非線形効果(☞2.5(iii))によって可聴音も生成されることがあるため，筆者のような高齢者でも存在に気づくことが多い．

これと似た音にモスキート音がある．モスキートとは蚊で，モスキート音は蚊が飛ぶときに聞こえるような不快で高い音の意味合いがある．実際の蚊のモスキート音は，300〜500 Hz 程度と言われているが，人にとってはかなり不快に感じられる音である．一般に，不

図1・3　ネズミ撃退，モスキート音

1.2 身近にある超音波

快な高い音として用いられるモスキート音は,およそ 15〜18 kHz の音波を指しており,聞くことを目的としない高周波の音という意味では超音波に分類される.この高さの音は,害獣撃退の場合と同様,若い人にしか聞こえないことが多く,公園やビル,コンビニエンスストア前などに溜まったり,たむろしたりすることを防ぐことを目的に放射されている場合がある.

また,電車や自転車のブレーキ音などは,超音波領域までかなり大きな音を発しているし,ノートパソコンなどの電子機器で高周波の電気信号を使用するものは,超音波を放射している場合がある.今ではなくなったが,昔のブラウン管テレビは,水平同期信号として 15.75 kHz が使用されており,キーンという音が鳴っていたのは懐かしい思い出である.このように,超音波は意図しない形でも放射され,身の回りの空間にもあふれている.

都会ではあまり見かけなくなったかもしれないが,コウモリやイルカ類も超音波を発して周囲の物体を認識している (☞1.3).また,テッポウエビはハサミから繰り出す衝撃波 (☞2.5(iii)(1)) と呼ばれる一瞬の超音波を発することで,小魚などを気絶させて捕食すると言われている.他にも様々な動物が超音波を発している.

超音波はこのような生物が発するものを除いて,意図しないものも含めてほとんどが人工的に放射されている.

図1・4 超音波を発する生物たち

1 超音波ってなあに

(ii) 超音波の身近な応用

人工的に放射される超音波のほとんどは，積極的な応用のために放射されている．身近な応用例としては，自動ドアのセンサや自動車のバックセンサ，道路の車両検知センサなどのセンサ応用がある．センサは，測定したい対象に対して物理的にその量などを測定し，電気信号に変換する素子や装置のことをいう．超音波を用いるセン

自動ドアのセンサ

自動車のバックセンサ
（自動車用障害物検知装置）

道路の車両検知センサ
（交通量調査装置）

信号制御センサ

超音波歯ブラシ

超音波加湿器

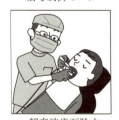

超音波歯石除去

超音波リモコン

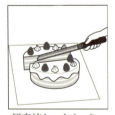

超音波ケーキカッター

図1・5　超音波の身近な応用

1.2 身近にある超音波

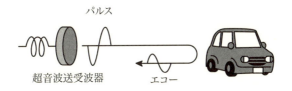

図1・6 パルスエコー法

サは,超音波センサと呼ばれる.人や車などの物体で反射された超音波をセンサにより捉えることで,その物体の有無や物体までの距離を計測している.これらの計測法はパルスエコー法(☞2.5(i)(1))と呼ばれ,超音波計測技術の1つとして広く普及している.詳しくは後述するが,図1・6のようにパルスという短い超音波を出して,物体から返ってきた反射波(エコー)を捉えることで,返ってくるまでの時間やエコーの大きさなどから物体までの距離や大きさなどの情報を推定する技術である.パルスエコー法を医療に応用したものに,超音波診断装置などがあり,様々な分野で幅広く応用されている.これらの応用は,物体の情報を遠隔的に得るための信号として超音波を利用しており,比較的小さなパワーで利用されている.

一方,超音波洗浄装置や超音波モータなど,超音波のパワーを利用する応用もある(☞3.2).いずれも強力な超音波を発生させて,そのパワーにより力学的な作用を生じさせるものである.超音波洗浄装置は,眼鏡屋さんでメガネをクリーニングしてもらうときに,メガネを入れる小さなお風呂のような装置である.シャーという独特な高音のノイズを発するので,印象に残っている人も多いと思う.これは,強力な超音波を水槽中に放射することで,メガネを振動させ物理的に洗浄するものである.手作業では難しい細かな部分の洗

1 超音波ってなあに

浄も可能なのが特長である．また，超音波モータはカメラのオートフォーカスなどに応用されている．カメラのシャッターボタンを軽く押すとジーという音がしてピントが合うが，超音波の振動をレンズの回転運動に変換している．超音波の応用はこれ以外にも数多くあり，詳細については第3章で解説する．

1.3　生物も超音波を利用する

地球上に存在する多様な生物の中には，超音波を聞くことができ，さらに利用している種が存在する．例えば，イルカやコウモリなど複数の生物は，超音波を聞くだけでなく，ヒトが主に目で周囲の環境を把握しているのと同じように，超音波を利用して周囲の環境を把握することができる．ここでは，その中でも超音波使いのスペシャリストであるコウモリやイルカが，どのように超音波を利用して生活しているのか，その一端を紹介する．

(i) コウモリ

コウモリは，飛行可能な唯一の哺乳類であり，北極と南極を除く世界中に生息している．手のひらにのるサイズのものから，体重が1 kgほどになるものまで存在し，1 400種以上もいる．映画などでは，一般的なイメージとして哺乳類などの血液を餌にしている吸血コウモリが描かれることが多いが，実際血を吸うのは3種のみである（日本には生息していない！）．多くのコウモリ種は，蛾などの飛ぶ昆虫を捕食するが，中には魚やフルーツを食べる種もいる．コウモリの活動時間は主に日が落ちてからであり，「夜の空」を活動時間・空間に選んで飛行や食事を行っている．その理由は，いまだ不明であるが，コウモリを捕食する猛禽類などに狙われにくい時間・場所を選んでいるのではと推測されている．日本に生息しているコウモリ

1.3 生物も超音波を利用する

は39種（2種は絶滅）であり，ほとんどのコウモリは森や洞窟に生息している．私たちが普段，夕方ごろに飛行している姿を見ることができる種は，アブラコウモリ（通称"イエコウモリ"）といわれる種で，高架下や家の軒下に住んでいることが多く，一番身近なコウモリといえる．また，小笠原諸島や沖縄周辺には，体長の大きなクビワオオコウモリなどのオオコウモリが日本で唯一生息している．

(1) エコーロケーション

「夜の空」という暗闇では，視覚を用いて昆虫を見つけたり，木などの障害物を回避したりするのは難しい．そのため，コウモリは視覚ではなく聴覚を使ってこれらの行動を行っている．コウモリは，自ら口や鼻から超音波（パルス）を放射し，周りの物体からの反射波（エコー）を耳で聞くことで，自身の周囲の環境を"音の像"として知覚している．この行動をエコーロケーションと呼ぶ．例えば，図1・7のように物体との距離は，パルスを放射してからエコーが返ってくるまでの時間によって把握し，昆虫の羽ばたきによるエコーの特徴の変化を感知することで捕食対象かどうかを識別している．一方，表面が滑らかな大きな板（例えば鏡）に斜めから向かっていくと，コウモリは板に追突する．これは，コウモリが放射したパルスが全反射して，自身にエコーが戻ってこないために，飛行方向に壁がないと勘違い

図1・7 超音波を使ったコウモリのエコーロケーション

1 超音波ってなあに

してしまうためである.コウモリが音で知覚している世界は,我々が視覚で知覚する世界と異なるのである.

(2) コウモリの放射する超音波パルス

エコーロケーションを行うコウモリが放射するパルスは,種によって異なっている.これは,生息している環境に適応した結果と考えられている.多少の違いはあるが,コウモリのパルスは大きく2種類に分けられる.1つは,田んぼの上空などの開けた空間で餌を採る種の多くが用いるパルスで,図1・8(a)に示すような周波数変調(FM)されたFMパルスである.図はスペクトログラムといい,横軸が時間,縦軸は周波数で,音波の強さを明るさで表示している.変調とは,図1・9のように波の振幅や周波数を変化させることで,AMラジオは図(a)のように電波の振幅を音声に従って変化させる振幅変調(AM)が用いられ,FMラジオは図(b)のように電波の周波数を音声に従って変化させる周波数変調(FM)が用いられている.

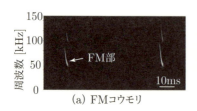
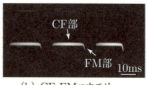

図1・8 FMコウモリとCF-FMコウモリの放射パルスのスペクトログラム

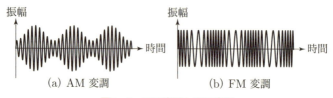

図1・9 AM変調とFM変調

1.3 生物も超音波を利用する

もう1つは，森中の茂みなどで餌を採る種で，主に図1・8(b)に示すような周波数定常（CF）音と，FM音を組み合わせたCF-FMパルスを用いる．FMパルスを使用するコウモリをFMコウモリと呼び，CF-FMパルスを使用するコウモリをCF-FMコウモリと呼ぶ．

では，なぜコウモリは，ヒトに聞こえる周波数帯の音波を使わずに，超音波を使うのだろうか？ 1つには，他の生物に存在を知られないようにするためだろう．他の生物に聞こえる周波数の音波を出して飛行するというのは，ヒトに例えると，大声を出して走っているようなものである．これでは，コウモリの捕食対象および，コウモリを捕食する動物にも気づかれやすい．ただし，コウモリに捕食される蛾には超音波を聞くことができる種もあり，それを捕食するコウモリはささやき声のように小さなパルスを使って近づく．もう1つの理由は，捕食対象の大きさである．コウモリが獲物としている昆虫のうち，小さなものは0.5〜1.0 mm程度のユスリカである．音波によってターゲットを正確に検知しようとすると，その獲物よりも小さな波長の音波で検知することが必要である．波長を短くするには周波数を上げる必要があり，各コウモリは，自身の対象の獲物の大きさにあった周波数の超音波を使用すると考えられている．

(3) コウモリの超音波運用

コウモリが超音波運用のスペシャリストといわれる理由が，その使い方の合理性とユニークさにある．FMコウモリが獲物を探すとき，まず比較的遠距離まで探そうとするため，図1・10のようにパルスの時間幅を長くする．そして獲物を見つけ，獲物に接近するときには，徐々にパルスの時間幅を短くすると同時に周波数帯域を広げFMパルスに変化させることで，時間的な分解能（☞2.5(i)(3)）を高め獲物の動きを監視する．獲物に十分に近づくと，連続的にバズと

1 超音波ってなあに

図1・10　FMコウモリが餌を採るときのパルスの変化（スペクトログラム）

呼ばれるパルスを放射し，逃げようとする獲物の素早い動きに対応し，獲物を捕らえる．

　それに対して，CF-FMコウモリは，獲物の羽ばたきによるエコーの周波数および振幅の変化を検知することで獲物を見分ける．そのためCF-FMコウモリは，エコーのCF部の周波数を自身の一番聴覚感度の高い周波数の周辺に合わせている．しかし，コウモリは飛行しているため，ドップラー効果（☞2.2(vi)(3)）によって獲物からのエコーの周波数は，自身の飛行速度に応じて高くなる．そのため，飛行中のCF-FMコウモリは，図1・11のように自身の放射パルスの周波数を飛行速度を考慮して低く調整することで，常にエコーのCF部の周波数を一定に保つドップラーシフト補償行動を行っている．これらのコウモリが放射する一連のパルスの変化は，コウモリが放射パルスを柔軟に変化させ，合理的に運用している一例である．

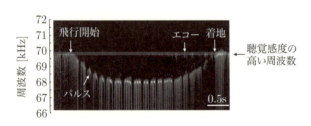

図1・11　CF-FMコウモリが行うドップラーシフト補償行動のスペクトログラム

1.3 生物も超音波を利用する

(4) コウモリが超音波を使って知覚する世界

1.3(i)(2)で述べたように，コウモリが超音波を用いて知覚している世界は，我々ヒトとは異なっている．コウモリが実際に知覚している世界をコウモリから直接聞くことはできないが，エコーロケーションで得られる情報を基に，音で知覚される空間がどのようなものなのかを推定することはできる．例えば，コウモリが左右の耳で聞いたエコーの時間差や振幅差を用いると，知覚される物体の位置を推定することができる．図1・12(a)は，3枚の板（障害物）を交互に配置した通路にコウモリを飛行させ，パルスの放射位置や放射方向を測定した結果である．コウモリは，図のように板を避けながらS字に飛行する．このとき，コウモリの左右の耳に届くエコーを音響シミュレーションで計算し，エコーロケーションで検知される物体の位置（エコー源）を可視化した結果を図(b)に示す．両図を比較すると，コウモリが超音波で把握したであろう空間は，実際の空間とは異なっていることがわかる．

優れた超音波の運用戦略を持つコウモリがどのような世界を知覚し，どのように超音波を運用しているのかは未だ多くの謎が残っている．今後のエコーロケーションに関する研究で，コウモリの世界の一部でも覗くことができればと期待される．

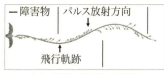
(a) 実際に飛行した空間

(b) エコーから推定した空間

図1・12　コウモリが飛行した実際の空間とエコーから推定した空間

1 超音波ってなあに

> **コラム　コウモリから放射される超音波の指向性**
>
> コウモリは口や鼻から超音波を放射するが，放射するパルスには指向性（☞2.1(vi)(4)）がある．鼻からパルスを放射するニホンキクガシラコウモリは，2つの鼻孔間の距離が放射するパルスの波長の約1/2になっていることが知られている．鼻孔を点音源（☞2.2(ii)）だとすると，放射パルスの1/2波長の距離に配置された2つの点音源からの指向性は，サイドローブ（☞2.5(i)(2)）がなく効率的に前方へとパルスを放射できる．このように，コウモリを工学的視点から見ると，超音波利用の優れた仕組みを進化の過程で獲得していることが分かる．

(ii) イルカ

　イルカの超音波もコウモリとほぼ同じ時期に研究が行われ，海中で超音波を発声していることや，コウモリと同様にエコーロケーションを用いていることが分かってきた．ソナー（☞3.1(ii)(2)）は，音波を使って物体の情報を得る技術や装置のことを指すが，魚群探知機のような人間が作り出したものを人工ソナーと呼ぶのに対し，同様の能力を持つイルカとコウモリのことを生物ソナーと呼ぶ．イルカも光の届かない海の中の環境に適応するため，エコーロケーションの能力を獲得した生物である．

　イルカの超音波は，図1・13のように噴気孔の下にある組織（モンキーリップス）で発生させ，頭部中央にあるメロンと呼ばれる脂肪組織を通じて音波を増幅して発せられる．獲物から返ってきたエコーは，下顎の骨を通じて聞いている．図1・14(a)は，イルカがエコーロケーションのために発するクリックスと呼ばれる超音波のスペクトログラムである．数 10 ～ 150 kHz ほどもある広帯域の超音波を，

1.3 生物も超音波を利用する

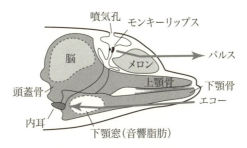

図1・13 イルカの発音器官

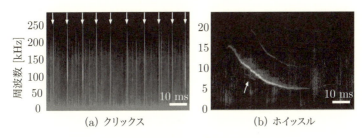

図1・14 イルカの超音波音声（スペクトログラム）
（画像提供：京都大学 木村里子博士）

繰り返し発している．獲物に接近すると，超音波の繰り返し頻度を上げることで情報の更新頻度を上昇させることや，クリックスの音圧（振幅）を低下させる音圧補償行動など，コウモリのエコーロケーションと同様の超音波運用の工夫が，イルカでも知られている．

また，一部のイルカはコミュニケーション用の音声として，ホイッスルと呼ばれる持続時間の長い，複雑に変調する音波を発する（図1・14(b)）．個体や群れを識別するための信号として用いられている．

超音波の基礎

　第1章で述べたように，超音波は音波の一種であり，超音波だけに何か特別な性質があるわけではない．しかしながら，周波数が高いことやパワーを大きくできることなど，超音波に特徴的な性質を利用するための特有な技術がある．これらを理解するために，本章ではまず，基本となる振動と波の基礎を解説し，音波の基礎，超音波の基礎というように段階を追って解説する．超音波は，振動と波の両面を併せ持っており，超音波という単語はどちらの意味にも使用されるため，本書でも明確には区別していない．

2.1　振動と波の基礎

　振動や波といえば，高校物理の単元を思い出す読者も多いであろう．特に，波は物理量の時間的な変化と，その変化が空間を伝わって別の場所に現れるという，時間と空間が絡み合った現象なので，高校物理の中では比較的難しい単元であると捉えられているようである．大学においてもその傾向はあり，音楽や音響など音に興味がある学生は多いが，音を波動という物理現象として扱う研究は敬遠されがちであると感じている．ここでは，振動と波の基礎をできるだけ易しく解説する．

(i) 振動

　まず，振動について考えよう．一番単純な振動は，バネや振り子の単振動である．単振動は，おもりの位置などの時間の変化（変位）

2 超音波の基礎

が正弦関数または余弦関数で表されるような振動である．例えば，図2・1のようにバネのおもりをつまんで引っ張り，離した後のおもりの運動を考えよう．おもりを離す直前の変位は最大で，フックの法則（バネの変位は加えた力に比例する）による復元力も最大，おもりは止まっているのでおもりの速度は0である．おもりを離すと，バネの復元力によりおもりは原点方向へと引き戻され，運動を開始する．このように，力を加えることで変形（変位）した物体（バネ）が，その力を取り去ると元の形に戻ろうとする性質を弾性と呼ぶ．

運動を開始したおもりは，原点に近づくにつれ変位が小さくなるから復元力は減少し，速度は増加する．原点では変位および復元力は0であるが，速度は最大であるから，慣性力によりおもりは原点を通り過ぎてさらに反対方向に変位する．その後は，変位の増加とともに復元力も増加するので，おもりにはブレーキが掛かり速度は減少していく．さらに，反対側に変位しきったところで逆向きに運動を開始し，以後はこの運動を繰り返す．摩擦などの抵抗がなけれ

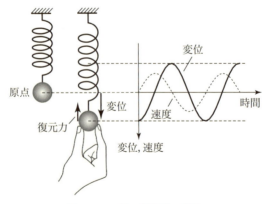

図2・1　バネの単振動の様子

2.1 振動と波の基礎

ばずっとこの振動を続けることになる．このように，おもりの変位している方向と逆向きに力（復元力）が働き，平衡点（原点）を境にその向きが変わるとき振動は生じる．また，復元力（バネ定数に比例）が大きいときにはおもりを速く動かそうとするため周期が短くなり，おもりの質量が大きいときはおもりが動きにくくなるので周期は長くなる．おもりが外から力を受けずに自由に振動するとき，バネ定数や質量などの物理的な性質で定まる振動を固有振動といい，そのときの周期を固有周期，周波数を固有周波数という．

さて，おもりに外から周期的に力を加えればどうなるだろうか．自由振動の固有周期と力の周期が異なるときは，おもりを加速する場合も減速する場合もあるため，外から力（外力）を加えているのにも関わらず，おもりの振動はそれほど大きくならない．一方で，固有周期と外力の周期が近いと常に加速し続けるため，振動はしだいに大きくなる．この状態を共振といい，そのときの周波数を共振周波数という．摩擦などの減衰がないときは，固有周波数と共振周波数は等しいが，減衰があるときは少し異なった値になる．このように，自由振動するものに外力を加えたときの振動を強制振動という．

ここで，単振動について少し見方を変えよう．おもりを変位させた状態で離すと復元力により動き出すので，おもりがその位置にあるだけで運動を起こす能力を持っていることになる．これは，ボールがその高さにあるだけで，重力により運動を起こす能力を持っているのと同じである．この能力をポテンシャルといい，その位置にあるだけでエネルギーを蓄えていることから位置エネルギーとも呼ばれる．一方で，おもりが動き出せば，おもりは速度による運動エネルギーも持つことになる．したがって，図2・2のように最初は復元力による位置エネルギーだけだったものが，徐々に位置エネ

2 超音波の基礎

ギーが減少し,それに伴い運動エネルギーが増加するといったエネルギーの変換が生じる.このように,振動はバネに限らず,位置エネルギーと運動エネルギーという相補的な2つのエネルギーの間で相互に変換することによって生じている.このとき,位置エネルギーと運動エネルギーは,相互に変換しているだけなので,エネルギーの総和は常に一定となる.

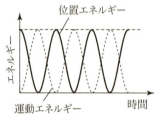

図2・2 単振動のエネルギー

コラム　ブランコとパラメータ励振

ブランコをこぐと揺れが大きくなることは子供でも知っている.本文で説明した強制振動では,外力により振動が大きくなるのであるが,ブランコは誰かに押してもらわなくてもこぐことで揺れを大きくできる.これはなぜだろうか? これもエネルギーで考えることができる.ブランコを立ちこぎするとき,ブランコの低い位置で縮めていた体を伸ばし,一番高い位置で体を縮める動作をする.このときの重心の変化が位置エネルギーの差を生み,それを運動エネルギーに変換することで,揺れを大きくしている.これは,振り子の長さというパラメータを周期的に変化することに相当し,それにより振動が成長する現象をパラメータ励振といい,非線形現象の一種である.

2.1 振動と波の基礎

(ii) 波のモデル

つぎに波について考えよう．波は，図2・3のようにおもりがバネでつながれたモデル（現象を説明するために簡略化された概念的な図や式）で考えると分かりやすい．一番左端のおもりを押すとそれにつながれたバネが縮む．縮んだバネは復元力により元に戻ろうとするが，一方のおもりが押されているため，その反対側のおもりを押すことになる．押されたおもりはさらに反対側のバネを縮め…，というようにおもりの位置の変化（変位）がつぎつぎと伝わっていくことになる．これが波の正体である．おもりには弾性力と同時に慣性力も働くので，変位が伝わるのに時間が掛かる．すなわち，波の伝わる速さは，おもり（慣性）とバネ定数（弾性）により決まることになる．

ここで注意することは，おもりは元の静止位置を中心にあまり大きく離れずに振動しているだけで，その運動状態（変位）が波として伝わっていることである．このように，媒質（ここではおもりやバネ）自体は大きく移動せずに，変位が伝わることでエネルギーが離れた場所まで運ばれる（伝搬（☞コラム））現象が波であるといえる．波も単振動と同様，運動エネルギーと位置エネルギーの相互変換によって伝搬する．ただし，単振動のようにエネルギーが1対のおもりとバネに留まっているのではなく，まわりのおもりへと伝わることで伝搬している．すなわち，運動エネルギーと位置エネルギーの相互変換が，一ケ所に留まらずに周囲へと広がり伝わるのが波というこ

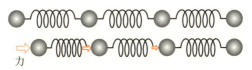

図2・3 おもりとバネを伝わる波

2 超音波の基礎

とになる.

> **コラム　伝播と伝搬**
>
> 　波が伝わることを専門用語で伝播や伝搬と表現する．伝播は波に限らず，物事が伝わり広がることを表し，伝搬は物理的な波が広がり伝わることを表している．しかしながら，近年，電気や音響以外の分野では，波に対して伝播を使用する例が増えており，しばしばどちらが正しいのかといった論争になることがある．電気や音響の分野では，伝播を使用すると電波と読みが同じになり混乱が生じるため，伝搬を使用する場合が多い．例えば，「おんぱでんぱ」といわれても音波伝播か音波・電波か一瞬では分からない．電気を専攻した筆者は伝搬が良いと思っているが，みなさんはどうだろうか（本書は伝搬に統一されている）．

(iii) 縦波・横波とグラフ表現

　波といえば学校で習った縦波や横波を連想する人も多いだろう．両者にはどういった違いがあるのだろうか？ 縦波は，図 2・4(a) に示すように媒質の振動方向と波の進行方向が同じ波をいう．主に空気や水などの流体（定まった形を持たないで，自由に形を変えながら流れる物質）中を伝わる波を指す．縦波では，波により媒質に粗密が生じるため疎密波と呼ばれることもある．それに対し横波は，図(b)のように媒質の振動方向と波の進行方向が垂直の波をいい，正弦波のようにグラフで表現しやすい．縦波と横波の代表的なものに地震の波がある．地震の場合，縦波をP波（Primary wave），横波をS波（Secondary wave）と呼ぶ．縦波・横波以外にも波には表面波などがあり，超音波では重要な応用技術がある（☞2.3(iii)）.

2.1 振動と波の基礎

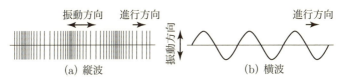

図2・4 縦波と横波

ところで,波には2つのグラフ表現があるのを知っているだろうか.波は時間と空間が絡み合った現象なので,両方を同時に変化させたグラフを書くのは難しい.そこで,波のグラフとして図2・5のように時間と空間のどちらか一方を固定したグラフで表現する.1つは,図(a)のように時間を固定して横軸を位置,縦軸を変位に取った y-x グラフで,ある瞬間における変位を写真のように写した空間分布を表現している.この場合,山と山,谷と谷の間隔は波長 λ [m] となる.見えない波の空間的な分布を一瞬で捉えるのは難しいので,波の実験では y-x グラフはあまり出てこない.もう1つは,図(b)のように位置を固定して横軸を時間,縦軸を変位に取った y-t グラフ

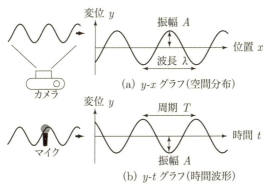

図2・5 波のグラフ表現

で，ある位置における変位の時間変化（時間波形あるいは単に波形）を表している．この場合，山と山，谷と谷の間隔は周期 $T[\mathrm{s}]$ となる．$y\text{-}t$ グラフは，マイクロホンなどの測定器をある地点に置き，測定器にやって来る波の時間変化を記録すると得られるため，実験でよく用いられる．波長と周期の関係は，1周期の時間に波が進んだ距離が波長であるから，波長 (λ) ＝波の速度 (v) ×周期 (T) となる．

(iv) 広がりのある波

現実の波は，弦を伝わる波のように一方向のみに伝わる場合はまれで，水面に生じた波が同心円状に広がるように，空間的な広がりをもって伝わる．波の空間的な広がりは，図 2・6 のようにある瞬間に振動の状態（位相）が同じ点を結んでできる線または面（波面）で表現できる．波の伝搬はこの波面が進むことであり，波の進行方向は常に波面と垂直になっている．

図 2・7 のように波面が平面の波を平面波，球面の波を球面波という．平面波は波面が無限に広い平面で，1方向にしか進まないため1次元の波と等価になる．現実的には完全な平面波は存在しないが，波長よりも直径が小さなパイプ内を伝搬する波などは平面波と見なせる．平面波では，波は広がらないので振幅は一定のまま波は伝搬する．一方，波の発生源（波源）の大きさが波長に比べて十分小さく

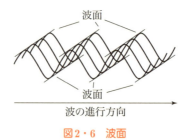

図 2・6 波面

2.1 振動と波の基礎

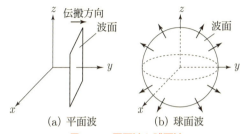

図2・7　平面波と球面波

て点と見なせる場合（点波源），波は球面波として伝搬する．球面波は，波の振幅が伝搬距離に反比例して小さくなる．また，波長に比べ十分に長い距離を伝搬した球面波は，波面が十分広がるため，波面の一部を見れば平面波と見なしても良い．

> **コラム　2次元空間は難しい？**
>
> 　平面波は1次元の波，球面波は3次元の波である．それでは，2次元の波とはどんなものだろうか？ 実は，多くの専門書でも2次元の波の取扱いはほとんど見かけない．それは，2次元空間の特殊性にある．2次元の波は，3次元の波で高さ（z）方向の変位を無視すれば良いように思うが，そう単純ではない．それは，2次元の波は z 方向が0なのではなく，一様（無限に続いている）と考えなければならないからである．例えば，図2・8(a)のように2次元空間の原点に波源を置き，そこから一瞬だけ波（インパルス波）を放射したとすると，x-y平面では波面は円になる．ところが，3次元空間で考えると，図(b)のように無限に長い線波源が z 軸上に沿って置かれ，そこからインパルス波が放射されたことになり，波は円筒波として広がる．また，観測点には波の発生点の高さ分だけ遅れた波が，つぎつぎと連続して無限にやっ

2 超音波の基礎

て来ることになる（図（c））．2次元の波の伝搬をコンピュータで計算すると，計算上は z 方向を無視するだけなのだが，面白いことに波形はちゃんと無限に応答が続くという3次元空間の性質が反映される．

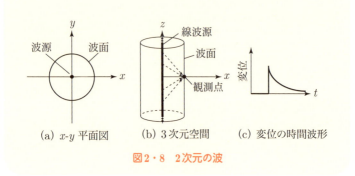

(a) x-y 平面図　　(b) 3次元空間　　(c) 変位の時間波形

図2・8　2次元の波

(v) 波の伝わり方とホイヘンスの原理

空間的な広がりをもつ波の伝搬は，ホイヘンスの原理で説明できる．ホイヘンスの原理は，図2・9のようにある瞬間における波面上の各点が新しい波源となって，波の進む方向に球面波（素元波）を生じ，それらの素元波を重ね合わせた包絡面が次の瞬間の波面となり，

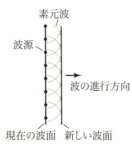

図2・9　ホイヘンスの原理

つぎつぎと新しい波面が生じて波が進むというものである．この原理を用いれば，波の反射，屈折，回折などが容易に理解できる．

> **コラム　ホイヘンスの原理の素元波**
>
> ホイヘンスの原理の素元波は，球面波であると説明したが，それでは波の進行方向とは逆方向に後退する波も存在するのではないかという疑問が生じる．これに対し，フレネルは素元波の振幅がその伝わる方向により異なり，図 2・10 のように進行方向に最大で，逆方向には 0 となるカージオイド型になることを証明した．フレネルによって，後退波が発生しないことが理論的に証明されたため，ホイヘンスの原理はホイヘンス＝フレネルの原理と呼ばれることもある．
>
>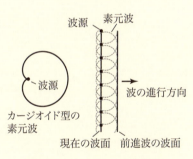
>
> **図 2・10　フレネルの素元波**

(1) 反射, 屈折, 透過

反射や屈折は，図 2・11 のように 2 つの異なる媒質が接している境界面で生じる．媒質 1 を進む波（入射波）が斜めに境界面に当たると，波の一部は境界面で反射し（反射波），残りはもう一方の媒質 2 の中に屈折して進んで行く（透過波）．これらは，ホイヘンスの原理で説明

2 超音波の基礎

できる.入射波の波面が境界面に到達したとき,素元波の波源が境界面上に生じるが,先に到達した入射波の波面(図の左側)から右側に向かってつぎつぎと素元波が発生する.素元波の発生するタイミングが異なるため,少し時間が経つとそれぞれの素元波は半径の異なる円の集合となり,これらの円に接する面が反射波の波面となる.

また,透過波の屈折は,2つの媒質中を伝わる波の速度の違いによって説明できる.境界面上に素元波が生じるところは反射波の場合と同じであるが,透過波では媒質2中の波の速度が媒質1とは異なるため,素元波による円群の半径が反射波の場合と異なることになる.したがって,透過波の波面の向きが変わり,結果として透過波の進行方向が変化することになる.

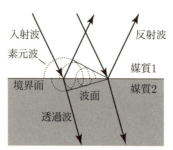

図2・11 波の反射と屈折・透過
(媒質1中の波の速度が媒質2よりも速い場合)

コラム 反射波が戻っていく?

図2・12(a)のように入射波が斜めに境界面に当たるとき,反射波は反射の法則により必ず異なった経路を進む.ところが,境界面を特殊な材料(非線形圧電体)にすると,図(b)のように入射波が元の経路を

さかのぼるような波を発生させることができる．これを位相共役波と呼び，ちょうど時間を巻き戻すように伝搬するため，時間反転波とも呼ばれる．光の分野で発見されたが，超音波でもそのような性質が実験により確認されている．位相共役波を利用すると，伝搬経路の不均一性による波のひずみを時間反転性により補正できるため，超音波画像装置へ応用すると画像の乱れを防ぐことができると期待されている．

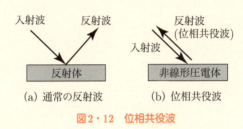

図2・12　位相共役波

(2) 回折

回折は，波がすき間や障害物などの物体の背後に回り込んで伝搬する現象である．これは，波の性質（波動性）の1つで，ホイヘンスの原理によって説明できる．図2・13のように，平面波がすき間の

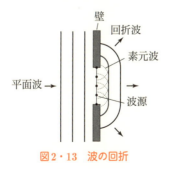

図2・13　波の回折

2 超音波の基礎

空いている壁に入射した場合を考える．すき間に到達した波面上に波源を考えると，図のように壁の端で発生した素元波が壁の背後にも回り込むのが分かる．これが回折波で，波の波長が長いほど顕著に現れ，短い場合は回り込みが弱くなる．

(vi) 波の干渉と重ね合わせの原理

2つ以上の波が重なった場合はどうなるのだろうか．複数の波が重なると，強め合ったり，弱め合ったりする干渉が生じる．例えば，図2・14のように互いに逆向きに進む波があったとき，2つの波が重なり合っている間は，それぞれの波を足し合わせた波形になっている．このような波の性質を重ね合わせの原理といい，足し合わせが成り立つ状態を線形という．このとき，重なった後の2つの波は，互いに影響を受けずに相手の波をすり抜けて進んでいく．波のこのような性質を波の独立性という．

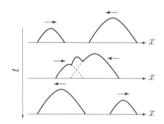

図2・14 重ね合わせの原理と波の独立性

(1) 定在波

図2・15のように波長，周波数，振幅が同じで，進行方向が互いに逆向きの2つの波が重なり合うと定在波（定常波）が生じる．この波は，図中の太線のように波形が進行せず，その場に留まって振動しているようにみえる．このとき，2つの波の位相が常に一致する

2.1 振動と波の基礎

同位相の点では,元の波の2倍の振幅で大きく振動する.このような点は移動しない定点となり,腹と呼ばれる.一方,2つの波の位相が常に逆になる逆位相の点では,振幅は常に0となる節が生じる.

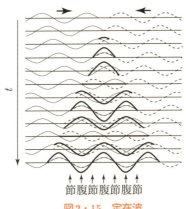

節腹節腹節腹節
図2・15　定在波

> **コラム　消えた波が再び現れる?**
>
> 図2・15のように,定在波では波が消えてなくなる瞬間があるが,つぎの瞬間には何事もなかったかのように波が再び現れて振動を始める.では,いったん完全に消えた波が再び現れるのはなぜだろうか.これは,バネの単振動で考えると分かりやすい.単振動では,位置エネルギーと運動エネルギーが互いに交換し合いながら,振動を持続させている(図2・2).おもりが原点を通過するときを考えると,原点では変位は0なので,位置エネルギーはすべて運動エネルギーに変換されている.定在波は,この単振動が波の各点で生じていると考えられ,波が消えてなくなるのは変位が0となっているだけで,すべてが運動エネルギーに変換されており,つぎの瞬間にはこの運動エネルギーが変位(位置エネルギー)に変換されて振動(波)が現れるのである.

2 超音波の基礎

(2) 境界条件（自由端・固定端）

反射は，2つの異なる媒質が接している面で生じるが，媒質の端（境界）でも生じる．この境界の状態を表す条件を境界条件といい，その違いにより反射の様子が異なってくる．例えば，図2・16のように媒質（弦）の右端が，(a) 棒に沿って自由に運動できる輪でつながっている場合（自由端）と，(b) 固定してある場合（固定端）を考える．自由端の場合は，張力がなく自由に動けるため，弦では波の進行方向の変位の傾き（微分値）が0となる．このように，変位の微分値がある値に決められる境界条件をノイマン境界条件と呼ぶ．このとき，入射波と反射波は自由端について線対称で折り返したような形となり，反射波は進行方向に対して入射波と同じ位相（入射波が山のときは反射波も山）で反射する．一方，固定端では常に変位が0となる．このように，変位の値が決められる境界条件をディリクレ境界条件と呼ぶ．このとき，入射波と反射波は固定端について点対称となり，反射波は進行方向に対して入射波と逆の位相（入射波が山のときは反射波は谷）で反射することになる．

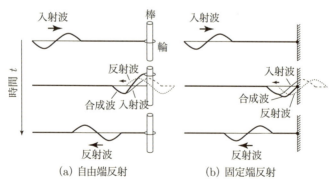

図2・16　自由端反射・固定端反射

2.1 振動と波の基礎

(3) 波の共振

ピンと張った弦を弾くと波が発生し，両端（固定端）まで伝わる．両端で反射された波は，反対側の境界まで伝搬し，反射を繰り返す．弦を弾いたときは，いろいろな波長の正弦波が発生するが，そのうちの1つの波長の正弦波について考えよう．正弦波を境界で反射させると，入射波と境界で生じた反射波で定在波が生じる．固定端の場合は，図2・17のように境界が節になり，半波長（$\lambda/2$）ごとに腹と節を繰り返す．しかし，右端と左端で発生する定在波の腹や節の位置は，図 (a) のように一般的には一致しないため，波が強め合うことはない．一方，図 (b) のように弦の長さがちょうど $\lambda/2$ の整数倍となるような正弦波の場合は，右端と左端で発生する定在波の腹や節の位置が一致するため，波は往復運動しながら強め合い，弦は大きく振動するようになる．したがって，いろいろな波長の正弦波のうち，$\lambda/2$ の整数倍となるような正弦波のみが強調されるようになる．この状態が波の共振である．単振動と同様に，共振状態の振動を固有振動，その周波数を共振周波数または固有周波数という．また，そのときの振動の形態（変位分布）を固有モード，または振動

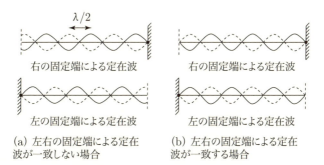

図2・17　左右の固定端による定在波

2 超音波の基礎

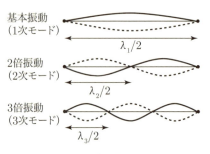

図2・18 弦の固有振動（振動モード）

モードという．共振と似た言葉に共鳴があるが，基本的には同じ現象を指しており，分野によって呼び方が異なっているようである．

弦の固有振動のうち，腹が1つの振動が基本振動（1次モード）で最も低い共振周波数となる（図2・18）．また，腹が2つの固有振動を2倍振動（2次モード），腹が3つの固有振動を3倍振動（3次モード），…といい，周波数はそれぞれ基本周波数の2倍，3倍，…になる．このように，弦の固有振動は複数あり，弦を弾いたときはそれらの振動は同時に生じて重なり合うことで，音色となって聞こえる．

(4) 広がりのある波の干渉と指向性

干渉は，弦の振動のような1次元の波だけでなく，広がりのある2次元や3次元の波でも生じる．図2・19は，図(a)のように横に並べた2つの点波源から同じ周波数の正弦波を放射したときの波の強弱を濃淡で表した図（干渉パターン）である．図(b)は2つの波源の位相の符号が同じ（同位相）場合，図(c)は異符号（逆位相）の場合である．図では，2つの波源間の距離 d と周波数 f を様々に変化させている．このように，波源からの距離の差（経路差 $|r_1 - r_2|$）が波長の整数倍のときに腹となり，それよりも半波長ずれた経路差のときに

2.1 振動と波の基礎

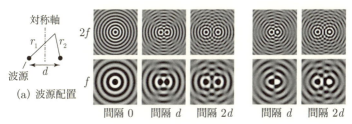

図2・19 2つの波の干渉

節になる．空間の波では，これらの条件を満たすのは点ではなく双曲線(面)になる．このような干渉パターンは，波源の間隔が広いほど，また周波数が高くなるほど細かく変化する．また，音源の対称軸上では2つの波源までが等距離になるため，同位相の場合は必ず腹になり，逆位相の場合は必ず節になるという特徴がある．

さて，このように2つの波源の干渉により強弱のパターンが生じることが分かったが，少し見方を変えてみよう．干渉パターンを見ると，波源間の中心から放射状に腹や節が伸びているように見える．これは，方向により波の強さ(振幅)が変化していることを意味している．このように，波の強さが波源からの方向によって異なる性質を指向性といい，波を応用するときの重要な性質の1つである．図2・19の干渉パターンを指向性の図(角度に対する波の強さの図)にすると図2・20のようになる．図では円の外側ほど強く，中心は0になっている．指向性は，波源の数や各波源の強さなどで様々に変化するため，例えば，ある方向にだけ強い波を放射するといった応用が考えられている．また，同様の指向性は波を観測するときにも考えられる．

2 超音波の基礎

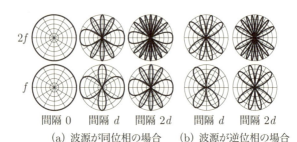

(a) 波源が同位相の場合　　(b) 波源が逆位相の場合

図2・20　2つの波源による指向性

(5) 正弦波の重ね合わせと波形

周期的な波形は，さまざまな正弦波・余弦波の重ね合わせで表現できる．周期波形を三角関数の足し合わせで表すものを**フーリエ級数**という．例えば，図2・21(a)のような周期波形は，図(b)のように周期波形と同じ周期 T の正弦波（周波数 $f = 1/T$）と，その2倍（$2f$），3倍（$3f$），…の周波数の正弦波（振幅 b_1, b_2, b_3, …）を足し合

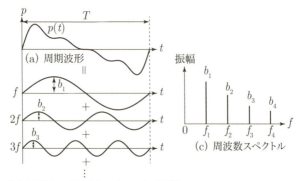

図2・21　フーリエ級数

わせたもので表現できる．正弦波だけでなく余弦波も足し合わせれば，どのような周期波形も表現できる．また，周期はいくらでも長く考えられるので，周期を無限大とみなすと周期的に変化しない波形もこの考え方を適用できるようになる（フーリエ変換）．

さて，いったん波形をフーリエ級数で表すと，図 (c) のように正弦波の周波数とその振幅のグラフで表現することができる．これを周波数スペクトル（単にスペクトル）と呼ぶ．スペクトルで表すと，波形にどのような周波数の成分がどの程度含まれているか一目で分かるため，音響の分野ではよく用いられる．スペクトルは，フーリエ逆変換で時間波形に戻すことができ，時間領域の波形と周波数領域のスペクトルがフーリエ変換を介して表裏一体の関係となっている．フーリエ変換をコンピュータで高速に行うアルゴリズムを高速フーリエ変換（Fast Fourier Transform: FFT）といい，広く利用されている．

2.2 音波の基礎

(i) 音波

音波は，空気や水などの媒質の弾性により伝わる波である．2.1 では波をおもりとバネで表現したが，音波の場合，おもりは何でバネは何であろうか．媒質（流体）を細かく見ると，図 2・22 のように媒質を構成する分子に満ちており，音波が来ると分子が運動することになる．ただし，分子はランダムなブラウン運動をしているので，個々の分子の動きがそのまま音波に対応しているわけではない．そこで，図のように波長よりも十分小さく仮想的な微小領域を考え，その中の分子の平均的な運動をおもりの運動に対応させて考える．この仮想的なおもりを粒子と呼び，音波に対応した運動をする．この粒子の振動速度を粒子速度といい，音波の運動エネルギーを担っ

2 超音波の基礎

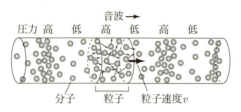

図2・22 媒質中の粒子と音波

ている．一方，粒子を風船のように考えると，風船の表面を押したときの弾性がバネに対応する．風船内の空気の圧力と体積の関係はボイルの法則（厳密には音波は断熱変化なのでポアソンの法則）で表されるので，風船を押して体積が減ると圧力（密度）が増し，逆に風船を引っ張ると圧力（密度）が減ることから，フックの法則で表されるバネと同じ作用をする．

音波は，このような圧力の変化が波として伝わっていく．空気の場合，媒質には図2・23のように大気圧がかかっているので，音波により大気圧から微小に圧力が変化することになる．この圧力変化を音圧（単位は圧力と同じ [Pa]（パスカル））という．音圧の範囲は，人が聞き取ることができる一番小さい音圧（最小可聴音圧）である $20\,\mu\mathrm{Pa}$（$20\times10^{-6}\,\mathrm{Pa}$）から，大気圧である $101\,325\,\mathrm{Pa}$ 程度まで非常に幅広

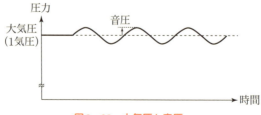

図2・23 大気圧と音圧

2.2 音波の基礎

表2・1 いろいろな音の音圧と音圧レベル

	音圧 [Pa]	音圧レベル [dB]
最小可聴音（基準）	0.000002	0
ささやき声	0.00002	20
静かな室内	0.0002	40
普通の会話	0.002	60
幹線道路沿い	0.02	80
ジェットエンジンの近く	20	120

［出典］国立天文台編『理科年表2020』，p.454，丸善出版，2019

いことから，対数であるdB（デシベル）で表すことが多い．これを音圧レベルと呼び，最小可聴音圧を 0 dB とする（水中音波では1μPaの場合もある）．いろいろな音の音圧レベルを表2・1に示す．

　2.1でも述べたが，波はエネルギーを持つ．音波も同様に音響的なエネルギーを持っている．一般的に，ある物体に力を加えて力学的な仕事をするとき，単位時間あたりのエネルギーはパワーと呼ばれ，力と速度の積に等しい．音波の場合は，音圧と粒子速度の積がそれに相当し，その時間平均を音の強さ，または音響インテンシティという．したがって，音響インテンシティは単位面積あたりの音響エネルギーの流れの時間平均値と定義される．粒子速度は方向を持つベクトル量であるから，音響インテンシティもベクトルで表される．また，粒子速度は特性インピーダンス（☞2.2(vi)(2)）によって音圧と関連付けられるため，音響インテンシティは音圧の2乗に比例することになる．

2 超音波の基礎

> **コラム** 音場
>
> 音波は放射されると空間（媒質）に広がり，伝わっていく．もし，途中で音波が耳に入れば音圧が鼓膜に力を及ぼし，振動を生じさせる．このように，力や作用を遠隔的に伝える物理量が，空間的・時間的に分布している状態を物理学では場という．よく知られているのは電場や磁場であり，音波の場合は音場という．さて，音場は何と読むか．物理学を基礎にすると音場は場の1つであるから「おんば」となるはずであるが，日本語として語呂が悪いようで「おんじょう」と読む分野もあり，音響学会の中でも2つの読み方が混在している．筆者の個人的な見解であるが，音波を物理的に扱おうとする超音波のような分野では「おんば」といい，音波そのものではなく人を中心に考えている分野は「おんじょう」と呼ぶ割合が多いようである．

(ii) 音源

音波の発生源を音源という．いま，図2・24のように，空気中にピンポン玉のような小さな球があって，それが呼吸するように膨張や収縮を繰り返しているとする（呼吸球）．球が膨張すると周りの空気は圧縮され，逆に球が収縮すると空気は膨張して，周囲に圧力変動（音圧）が発生する．このように物体の振動により音波が発生するとき，その発生源を音源という．発生する音波の波長に比べ呼吸球

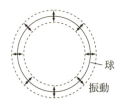

図2・24 呼吸球

2.2 音波の基礎

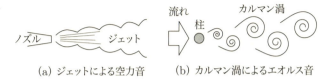

(a) ジェットによる空力音　　(b) カルマン渦によるエオルス音

図 2・25　空力音とエオルス音

の半径が十分に小さい場合，点音源と見なすことができる．

物体の振動によらない音源もある．物体が振動しなくても空気が何らかの原因で振動すれば，それが音波として伝わるので音源として働く．例えば，図 2・25(a) のようにノズルから噴射されるジェットや走行中の自動車や列車，ヘリコプターの回転翼など，空気が乱れることによって発生する空力音などが挙げられる．風が柱状の物にあたるとき，物体の周りに生じる渦（カルマン渦）が原因のエオルス音も空力音の一種である．また，空気の瞬間的な膨張・収縮（爆発・爆縮）によっても音波が発生する．例えば，風船が破裂すると圧縮された空気が一瞬で膨張するため正の音圧が生じ，逆にワインのコルク栓を勢いよく抜くと空気が一瞬でビンに入り，収縮するので負の音圧が生じる．

(iii)　音速

音波が媒質中を伝わる速さを音速という．音速は，媒質の種類によって様々に異なり，一般的に固体の音速が最も速く，次いで液体，気体の順となる．また，その媒質の温度，密度，圧力などの状態によっても音速は変化する．表 2・2 は，主な媒質の音速である．

(1)　大気中の音速

気体中の音速は，気圧と密度，比熱比（気体の定圧比熱と定積比熱の比で，空気の標準状態では 1.4）によって表されるが，地上付近ではほ

2 超音波の基礎

表2・2 主な媒質の密度と音速

物質	密度 ρ [kg/m^3]	音速 [m/s]
乾燥空気（0 ℃）	1.23	331.5
蒸留水（25 ℃）	1 000	1 497
鉄	7 860	5 950
アルミ	2 690	6 420
ガラス	2 420	5 440
ゴム	970	1 500

［出典］超音波便覧編集委員会編『超音波便覧』, p23, 丸善株式会社, 1999

ぼ気体の温度に比例して変化する．空気の場合，1気圧で0 ℃，高度0 mのときの音速は331.5 m/sであり，温度が1 ℃上がるごとに音速は約0.6 m/s速くなる．空気の音速として340 m/sが用いられることが多いが，これは15 ℃のときの値である．

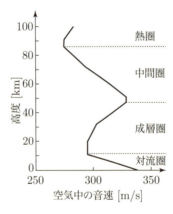

［出典］国立天文台編『理科年表2020』, p.332-333, 丸善出版, 2019を参考に著者が作成

図2・26　国際標準大気の音速高度分布

2.2 音波の基礎

　大気の場合，高度によって圧力，温度，密度などが変化するため，中緯度での平均的な状態として国際標準大気が定められている．図2・26は，高度に対する標準大気中の音速変化を示している．対流圏内の温度は，1 km あたり約 6.5 ℃の割合で減少するため，音速も高度にほぼ比例して 1 km あたり約 3.84 m/s の割合で減少する．成層圏以上の高度では，図のように複雑に変化する．

(2) 海水中の音速

　水中の音速も気体と同様，圧力，密度，温度などによって表されるが，海水の場合はそれに加え，塩分濃度なども影響する．海水中の音速には厳密な理論式は存在せず，実験によって得られた複雑な経験式がいくつも提案されている．ただ，およその値として 1 気圧で 0 ℃のときの海水中の音速は 1 402 m/s で，温度が上がるとともに音速は速くなるが，温度と音速の間に気体のような単純な比例関係はない．水の音速として 1 500 m/s が用いられることが多いが，これは表 2・2 のように約 25 ℃のときの値である．

　大気中では高さにより音速が変化したが，海水中も深さにより音速が変化する．図 2・27 は深度に対する海水中の典型的な音速変化を示したものである．太平洋の中緯度深海域の長期観測結果をもとに作られた音速の深度分布の経験式に基づいている．海表面近くでは海水が太陽に熱せられるため音速が速いが，深くなるにつれて水温が低下するため音速は遅くなり，ある深さから水圧が高くなるため音速は再び速くなる．

2 超音波の基礎

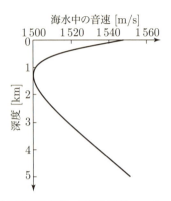

[出典] 海洋音響学会編『海洋音響の基礎と応用』，p.81，成山堂書店，2004 を参考に著者が作成

図2・27　海水中の音速深度分布（Munkのプロファイル）

> **コラム　不思議な物質「水」**
>
> 　水は非常にありふれた身近な物質でありながら，他の液体とは異なった不思議な性質を数多く持っている．例えば，水は約4℃で密度が最大となることから，固体である氷が浮くという通常とは逆の現象が起こる．また，同じような分子量の他の液体に比べ気化熱が大きいことや，高い融点を持つ，表面張力が大きい，様々な物質を溶かしやすいなどの特異な性質を多く示す．このように水は身近な物質ながら，その性質を科学的に完全に理解することは容易ではないといわれている．したがって，水の音速には空気のような厳密な理論式がないのも納得できよう．

(3)　固体中の音速

　固体の場合，縦波や横波など伝搬する波の種類が複数あり（☞2.3 (iii)），それぞれに対応する音速も異なる．また，物質の形状や構成

2.2 音波の基礎

表2・3 鉄の音速(室温)

波の種類	音速 [m/s]
自由固体の縦波	5 950
自由固体の横波	3 240
棒の縦振動波	5 120

[出典] 国立天文台編『理科年表2020』, p.448, 丸善出版, 2019

(金属では結晶構造・方向, 混合物では成分比など)によっても大きく変化する. 例えば鉄の場合, 表2・3のようにいくつかの音速がある. これ以外に, 表面波や屈曲波などもあり, それぞれに対応した音速が存在する. 一般的に固体では, 温度が上がると音速は低下する.

(ⅳ) 減衰

遠くの人の声が小さく聞こえるように, 音波が伝搬とともにその強度が減少することを減衰と呼ぶ. 音波の減衰には, 拡散減衰, 吸収減衰, 散乱減衰がある. 拡散減衰は, 音波が広がろうとする性質を持つため, 音波が広がると波面の面積が増え, 単位面積あたりの音波のエネルギー密度が低下するために音波の強さが減少する. 例えば, 球面波の場合は, 距離が2倍になると波面の面積が4倍になるため, エネルギー密度は1/4, 音圧の大きさは1/2になる. このように, 減衰は距離に依存することから, 距離減衰と呼ばれることも多い.

吸収減衰は, 空気や水などの媒質の粘性(流体の内部に働く抵抗)や熱伝導により, 音波のエネルギーが熱などの他のエネルギーに変換されることにより生じる. これを古典吸収といい, 周波数の2乗に比例して大きくなる. 一方, 媒質を構成する分子レベルでは, 音波により分子の振動状態が変化する緩和により緩和吸収が生じる. 緩

2 超音波の基礎

和吸収は,媒質を構成する分子によって異なり,また特定の周波数の音波で生じる場合が多い.媒質に吸収があるとき,音波の大きさは距離とともに指数関数的に減少する.音波が媒質を伝搬する間に減少する音圧の程度は**吸収係数**で表し,吸収係数が大きいほど音波は短い距離で減衰する.図2・28は,空気と海水における周波数に対する吸収係数の変化である.ほぼ周波数の2乗に比例して大きくなっているが,所々で特定の分子の緩和吸収による影響がある.吸収減衰が生じると,音波のエネルギーの一部が熱に変換されるため,媒質の温度を上昇させる(☞2.6(i)).医用超音波の場合,超音波の照射により生体組織の温度が上昇する危険性があり,その安全性が議論されている.

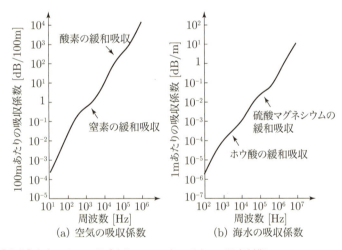

[出典](a):山田一郎「空気による音の吸収」,騒音制御,Vol.14,No.1,p.24,1990,(b):海洋音響学会編『海洋音響の基礎と応用』,p.75,成山堂書店,2004 を参考に著者が作成

図2・28 空気と海水の吸収係数

2.2 音波の基礎

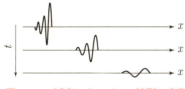

図2・29　減衰によるパルス波形の変化

　一方，散乱減衰は，媒質中に散乱体がある場合に，音波が散乱されて四方に広がることで生じる．主に，生体組織中を音波が伝搬するときに，組織の不均一性によって生じる．一般的に数 MHz の超音波の場合は，筋肉や脂肪などの軟組織中では吸収減衰の方が散乱減衰の場合よりかなり大きい．

　媒質により音波が減衰すると，音圧が小さくなるばかりではなく，波形も変化する．図2・29は，パルス音波を放射したときに，伝搬する音波の波形が減衰により変化する様子である．短い波長のパルス波が，伝搬とともに振幅が小さくなると同時に波長も長くなる．これは，高い周波数ほど吸収が大きいために，パルス波に含まれる高周波成分が伝搬とともに急速に小さくなり，波長の長い低周波成分が残されるためである．このようなパルス波の伸びが生じると，超音波画像装置などでは分解能が低下することになる．

　固体振動の場合，減衰として粘性減衰と構造減衰が用いられることもある．粘性減衰は，粘弾性体（粘性と弾性の両方の性質をもつ物質）などにおいてひずみ速度（ひずみ（☞2.3(i)）の時間的変化の割合）に比例した減衰を示すもので，摩擦抵抗などが原因となる．一方，構造減衰はヒステリシス減衰とも呼ばれ，ゴムなどの粘弾性体において剛性（変位）に比例した減衰を示すもので，ひずみ速度に関係がないという特徴がある．

2 超音波の基礎

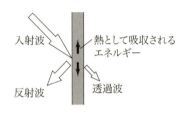

図2・30 壁による吸音

(ⅴ) **吸音**

 吸音とは,壁などの物質が音波を吸収して,反射波の振幅が小さくなることである.吸収が,媒質の特性により伝搬の過程で生じる音波の減衰なのに対し,吸音では壁などの物質からの反射波が物質の特性により低下する.図2・30のように音波が壁に入射したときに,媒質と壁の特性インピーダンス(☞2.2(ⅵ)(2))の違いにより反射波と透過波が生じる.このとき,壁を通過する音波のエネルギーの一部は,熱エネルギー(摩擦熱)に変換されるため小さくなり,それに伴い反射波も小さくなる.吸音の程度は,入射波のエネルギーに対して反射されなかったエネルギーの割合で表し,**吸音率**と呼ぶ.吸音率は,0〜1の間の数値で表し,吸音率0は入射波が全く吸音されずにすべて反射された状態を表し,1は入射波がすべて壁で吸収されて,全く反射波がない状態を表す.吸音を大きく生じさせる材料を**吸音材料**といい,その吸音の仕組みの違いにより,多孔質材料,板(膜)状材料,有孔板などに分類される.

(ⅵ) **伝搬**

(1) 音速分布があるときの伝搬

 音波も基本的には2.1で述べた波と同じ伝わり方をする.しかし,音波の場合,媒質である大気や海水の性質により,特徴的な伝搬を

2.2 音波の基礎

することが知られている．これは，図2・26や図2・27のように音速が高度や深度方向に分布していることに原因がある．このように，音速が分布している場合の音波の伝搬を考えよう．伝搬の様子を分かりやすくするために，音線がよく用いられる．これは，音源から出た音波の経路をあたかも光線のように線で表したものである．音線を用いると音波の波動性を無視することになるが，幾何学的にその伝搬経路を容易に計算できる．

まず，音速が分布している場合にどのように音線が進むか考えよう．簡単のために，図2・31のように音速が層状に c_1, c_2, … (音響の分野では，音速を c で表す場合が多い) と分布している場合を考える．層と層の境目では，音波はスネルの法則に従って屈折し，下に行くほど音速が速くなる場合 ($c_1 < c_2 < \cdots$)，音線は全体として図のように曲がって進むことになる．音速が連続して直線的に変化している場合は，音線は円弧を描いて進むようになる．

大気中の音波の伝搬を考えると，地上付近では大気温度は高度に比例して減少する場合が多いことから，音速も直線的に変化する．したがって，図2・32のように昼間は上空に行くほど温度が低い（音

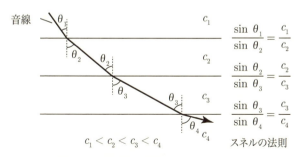

図2・31　層状の音速分布とスネルの法則

2 超音波の基礎

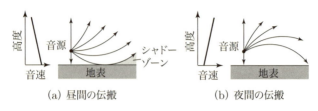

(a) 昼間の伝搬　　　　(b) 夜間の伝搬

図2・32　大気中の音速分布による音波の伝搬

速が遅い）ため，音線は上へ向かって曲がる．また，地表付近に音波が伝わりにくい シャドーゾーン（音の陰）ができる．それに対し，夜になると今度は地表付近の温度が下がって上空に行くほど温度が高くなる（音速が速い）逆転層になることがあるため，音線は地表に向かって曲がることから遠くまで音波が伝わるようになる．

　一方，海水中の音波は大気中よりもさらに複雑な伝搬をする．特に興味深いのは，図2・33のように音速が最も遅くなる深度 1 000 m 付近（軸）で音波を出すと，上下の深度では音速が速いため，上

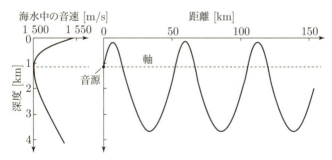

［出典］海洋音響学会編『海洋音響の基礎と応用』，p.81，成山堂書店，2004
を参考に著者が作成

図2・33　海水中の音速分布による音波の伝搬（SOFARチャンネル）

2.2 音波の基礎

下方向に放射された音波は曲げられて軸付近に戻されることになり，音波が軸付近に閉じ込められたような状態になる．これをSOFAR (Sound Fixing and Ranging) チャンネルといい，このチャンネル内を伝わる音波は減衰を受けにくく，軸に沿って長距離伝搬が可能になる．これは，光ファイバの原理と同じである．

> **コラム　クジラの歌声とSOFARチャンネル**
>
> クジラは，数10 Hzという低周波で，ある決まったフレーズが組み合わさった歌を歌うことが知られている．数10 Hzでは海水中の音波の吸収係数が極めて小さいため（図2・28），長距離伝搬が可能になる．ただし通常の音波は，球面状に拡散するためそんなに遠くまでは伝わらない．しかし，図2・33のようにSOFARチャンネルの中を音波が伝搬すると，何1 000 kmも伝搬できるようになることから，クジラはSOFARチャンネルを利用して長距離間で歌い合っているのではないかとの仮説がある．ただし，中緯度海域ではSOFARチャンネルの軸が水深1 000 m程度で，クジラはその深さまで潜れないので，積極的にSOFARチャンネルを利用しているわけではなさそうである．しかし，北極や南極では，SOFARチャンネルの軸が海面近くまで上昇することや，中緯度海域でも島などがあるとSOFARチャンネル内の音波が海面付近まで到達できるため，積極的ではないにしろクジラはSOFARチャンネルの影響を受けた歌を歌い合っているのではと考えられている．

(2) 境界があるときの伝搬

つぎに，媒質に境界があるときの音波の伝搬を考えよう．2.1で述べたように，2つの異なった媒質の境界面に音波が入射すると，境

2 超音波の基礎

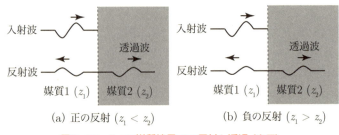

図2・34 2つの媒質境界での反射と透過（音圧）

界で反射波や透過波が生じる．この反射波や透過波の大きさは，媒質の音速と密度の積で表される**特性インピーダンス** z の違いで表される．音速や密度は媒質固有の値を持っているため，**固有音響インピーダンス**（または単に**音響インピーダンス**）ということもある．平面波の場合，音圧は特性インピーダンスと粒子速度の積で表される．特性インピーダンスの差が大きいと境界からの反射波は大きくなり，2つの媒質の密度や音速が異なっていても，その積である特性インピーダンスが等しければ反射波は生じず，音波は媒質境界を素通りする．また，図2・34のように特性インピーダンスの小さな媒質から大きな媒質へ音波が入射するときには（反射波の進行方向に対して）正の反射（音圧）が生じ，逆の場合は負の反射が生じる．例えば，空気中で壁からの反射が正の反射になり，水中で水面からの反射は負の反射になる．入射波の大きさに対する反射波の割合を**反射率**（**反射係数**）といい，透過波の割合を**透過率**（**透過係数**）という．

一方，媒質の端が壁などで区切られている場合も，壁の特性インピーダンスを用いて反射や透過を考えることができるが，媒質内へ戻る反射のみを考えれば良い場合は，**境界条件**（☞2.1(vi)(2)）で考えることができる．ただし，音波の場合の境界条件は，弦などを伝わる

2.2 音波の基礎

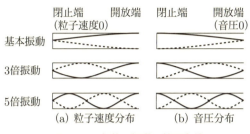

図2・35 気柱の振動と境界条件

横波の場合とは異なるので注意が必要である．高校の物理では，音波の自由端や固定端を図2・35(a)のような管内の気柱の振動で考えることが多い．たいがいの教科書では，閉止端では空気の分子が動けないため固定端であり，開放端では分子が自由に動けるので自由端である，というような説明がされている．この説明では，2.2 (i)で説明した粒子変位（粒子速度）を考えていることになるが，音波では一般に音圧で考えるため，図(b)のように開放端では音圧が0，閉止端では音圧は最大となる．これは，壁を手で押す場合を考えると，壁は動かないが力は大きく掛かっているように，閉止端では粒子の変位（速度）は0であるが，力（音圧）は最大となっている．逆に，開放端ではのれんに腕押しのように，のれんを変位させるのに力はほとんど必要ないのと同じで，音圧は0であるが粒子変位は最大となっている．すなわち，音圧で考えると閉止端では音圧の勾配が0のノイマン境界条件（剛壁ともいう），開放端では音圧が0のディリクレ境界条件になっている．音波（音圧）の反射で考えると，閉止端は正の反射で，開放端は負の反射が生じることになる．実際には，開放端から音波が放射されるため音圧は0とはならず，開放端の位置が少し外にはみ出た（気柱が長くなった）ように観測される（開放端補正）．

2 超音波の基礎

(3) ドップラー効果

音源や観測者が移動することで,観測される音波の周波数が変化する現象をドップラー効果という.よく知られているのが,救急車が近づいてくるときにはサイレンの音が高く聞こえ,遠ざかるときは低く聞こえる現象であろう.図2・36のように音源から球面波が出ている場合を考える.図(a)のように音源が動くときは物理的に音波の周波数が変化し,音源の移動方向には高い周波数の音波が,逆方向には低い周波数の音波が伝搬する.一方,図(b)のように観測者が動くときは,音源は静止しているので放射される物理的な音波は変化せず,観測者が音源に近づくときは高い周波数の音波として,遠ざかるときは低い周波数の音波として観測される.また,空気中なら風,海水中なら海流などで媒質が動く場合や,反射体が移動する場合の反射波に対してもドップラー効果は生じる.ドップラー効果では,周波数の変化のみが説明されることが多いが,実は音源が移動する場合には振幅も変化しており,音源の移動方向に振幅が大きくなり,逆の方向には小さくなる.すなわち音源の移動により,音源の指向性が移動方向に鋭くなるのである.

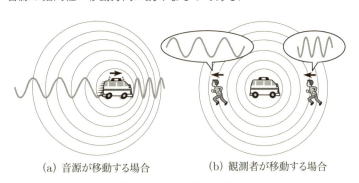

(a) 音源が移動する場合　　(b) 観測者が移動する場合

図2・36　ドップラー効果

2.2 音波の基礎

コラム　超音速と衝撃波

ドップラー効果では，音源が移動すると周波数が変化するが，音源の移動速度が音速を超えたらどうなるのだろうか．図2・37のように移動音源として飛行機を考えよう．飛行高度の音速に対する飛行速度の割合（マッハ数 M）で考えると，$M < 1$ のときは図 (a) のように飛行による圧力変化（音波）は機体の周りに音速で広がる．これは，通常のドップラー効果と同じ状況である．マッハ数が増すと，機体より前方の空気が圧縮されて密度が高まり，図 (b) のように $M = 1$（音速）になると圧力変化は飛行機の前方に蓄積され，大きな抵抗となる（これを音速の壁と呼ぶことがある）．飛行機の速度が音速を超えると（$M > 1$），飛行機の周囲の圧力変化は飛行機より後方に取り残され，図 (c) のように飛行機を頂点とする円錐面に沿って蓄積されることで衝撃波面が形成される．この衝撃波は，機体の先端部分と後方部分の2ケ所で大きく発生するため，地上ではドンドンと2回の爆音が生じるソニックブームとして聞こえる．このように，超音速旅客機などでは，飛行速度がその高度の音速を超えると衝撃波が生じるため，地面に対する飛行速度よりもマッハ数の方が重視される．マッハ数が約 0.7～0.8 以下を亜音速，約 0.7～0.8 から 1.2～1.25 の範囲を遷音速，約 1～5 を超音速，約 5 以上を極超音速と呼び，それぞれの速さにより生じる現象が異なる．

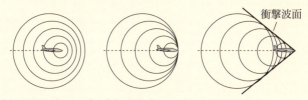

(a) 亜音速（$M < 1$）　(b) 音速（$M = 1$）　(c) 超音速（$M > 1$）

図2・37　飛行機の移動速度と衝撃波

2.3 弾性/圧電振動の基礎

弾性は，外から力を加えて変形した物体が，その力が取りのぞかれると元の状態に戻る性質である．弾性を持つ物質を弾性体という．空気や水などの流体も体積変化に対しては体積弾性を持つが，形状変化に対する形状弾性は持たないため，一般には両弾性を持つ固体について弾性を考えることが多い．弾性振動は，弾性体に生じる振動で，縦振動，横振動以外にも，ねじり振動など様々な振動形態がある．また，弾性波や圧電体の振動も超音波の応用では重要である．本章では弾性/圧電振動の基礎について解説する．

(i) 応力とひずみ

バネにおける力と変位の関係や，音波における音圧と粒子速度の関係に相当するのは，弾性振動の場合，応力とひずみである．応力は，単位面積あたりに働く力で，図2・38のように垂直応力とせん断応力がある．垂直応力は，面に対して垂直に働く応力で，σ_x，σ_y，σ_z の3成分がある．せん断応力は，面に対して平行に働く力で，x軸に垂直な面に対して τ_{xy}，τ_{xz}，y軸に垂直な面に対して τ_{yx}，τ_{yz}，さらにz軸に垂直な面に対して τ_{zx}，τ_{zy} の成分があるが，互いに直交するせん断応力成分は等しい（$\tau_{xy}=\tau_{yx}$，$\tau_{yz}=\tau_{zy}$，$\tau_{xz}=\tau_{zx}$）．

ひずみは，物体に応力が加わって変形したときに，変形前の形状に対する変形の割合であり，単位のない無次元数である．ひずみにも，図2・39のように垂直ひずみとせん断ひずみがある．垂直ひずみは断面に対して垂直方向に生じるひずみで，物体の長さが伸びた場合は引張りひずみ，縮んだ場合は圧縮ひずみと呼ぶ．せん断ひずみは，図 (b) のようにせん断力によって面をずらすように斜めに生じるひずみである．ひずみは，図 (a) のように横に伸びれば縦方

2.3 弾性／圧電振動の基礎

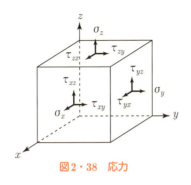

図2・38 応力

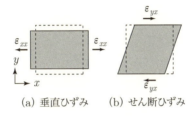

(a) 垂直ひずみ　(b) せん断ひずみ

図2・39 ひずみ

向に縮み，横方向に圧縮されれば縦方向が伸びる．この縦ひずみと横ひずみの比率をポアソン比と呼ぶ．ポアソン比は，それぞれの材料に固有の定数で，その材料の特性を示す．

応力とひずみはフックの法則により比例し，その比例定数を弾性係数という．弾性係数のうち，垂直応力と垂直ひずみの比をヤング率または縦弾性係数といい，せん断応力とせん断ひずみの比は横弾性係数という．固体が等方性（固体の物理的な性質が方向に依存しない）の場合は，これらの係数とポアソン比との間には単純な関係式が成り立つが，結晶材料や生体組織のように異方性（固体の物理的な性質が方向に依存する）の場合は，方向によって弾性係数が異なることに

2 超音波の基礎

表2・4 主な固体材料の材料定数の代表値

物質	ヤング率 [GPa]	ポアソン比	密度 ρ [kg/m^3]
アルミニウム	70	0.35	2 700
鉄	210	0.29	7 800
銅	130	0.34	8 960
ガラス	71	0.22	2 400
ポリエチレン	0.4-1.3	0.26	940
石英	73	0.17	2 220

[出典] 国立天文台編『理科年表2020』, p.401, 丸善出版, 2019

なる. 表2・4に代表的な等方性の固体材料の材料定数を示す.

図2・40(a)に示すように, 厚さが薄い板に対して板面に沿った力が作用しているとき, 板表面の応力成分はすべて0となり, 板の平面に関する2次元問題として取り扱うことができる. このような状態を平面応力という. 一方, 図(b)のように厚さが十分に厚い板に対して, 厚さ方向に一様で断面に沿った力が作用しているとき, 厚さ方向には変位しないとして考えて良く, この場合も板の断面に関する2次元問題として取り扱うことができる. このような状態を平面ひずみという. これらの近似は, 圧電振動子などの理論的な取扱で使用される.

ひずみは体積についても定義される. 物体に圧力が加わって体積が変化したときに, 変形前の体積に対する変形の割合を体積ひずみという. 圧力と体積ひずみの比例係数を体積弾性率と呼び, 多くの固体でその値は10^{10}〜10^{11} Pa 程度であり, 体積弾性率が大きいほど, その物質はかたい. また, 体積弾性率の逆数を圧縮率という. 等方弾性体では, 体積弾性率は, ヤング率, ポアソン比によって決

2.3 弾性／圧電振動の基礎

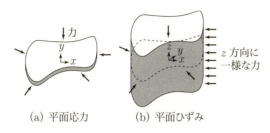

(a) 平面応力　　(b) 平面ひずみ

図2・40　平面応力と平面ひずみ

まる．また，空気や水などの流体の場合も定義され，空気で約 1.4×10^5 Pa，水で約 2.2×10^9 Pa の値を持ち，音速に関係する．

(ii) 弾性振動

基本的な弾性振動として，図2・41のような縦振動と横振動がある．縦振動は細棒のような細長い振動体が長手方向に振動する場合で，主に縦波による振動である．ただし，長手方向に伸び縮みすると，ポアソン比により横方向にも伸び縮みするため，純粋な縦波とはいえない．このように，周囲に境界がある媒質では厳密な縦波は存在しない．また，このような縦振動では，無限媒質の縦波の音速よりも小さくなる．一方，横振動は曲げ方向に振動するため，曲げ振動やたわみ振動と呼ばれることもある．横振動は，支持を考えると図2・42(a)のような片持ち梁の形で利用する場合が多く，図(b)のような振動モードになる．梁の振動では，梁の断面形状の他に，

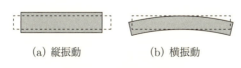

(a) 縦振動　　　　(b) 横振動

図2・41　縦振動と横振動

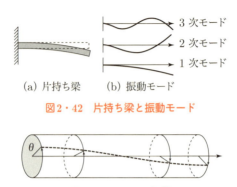

(a) 片持ち梁　(b) 振動モード

図2・42　片持ち梁と振動モード

図2・43　ねじり振動

周波数によっても音速が変化する分散性が現れる.

棒の断面に，回転によるねじりモーメント（物体を回転させる力．トルク）を加えると，トルクに比例した角度だけねじれ，トルクを除けばもとに戻る．これは，棒が回転方向にも弾性を有することを示しており，図2・43のようにトルクが伝わるねじり振動が生じる．ねじり振動は，変位の方向が伝搬方向と直交しているため横波であり，その音速は細棒の縦波よりも遅い．

(iii) 弾性波

気体や液体などの流体中を伝搬する音波は，縦波のみである．一方，固体中や固体表面を伝搬する音波には，縦波の他に横波もある．弾性体を伝わる波を弾性波といい，空気などの流体中の音波も含まれるが，一般的には固体中を伝わる波を弾性波と呼ぶことが多い．弾性波は，媒質である固体の性質や形状により複雑な様子を示す．3次元的な無限の広がりをもつ弾性体中を伝わる縦波や横波などの弾性波は，バルク波または実体波と呼ばれる．一方，固体の表面など半無限媒質の場合，表面に沿って伝搬する弾性波を表面弾性

2.3 弾性／圧電振動の基礎

波（SAW）や，弾性表面波，または単に表面波と呼ぶ．

バルク波は，縦波（P波）と横波（S波）の総称であるが，図2・44(a)のように，縦波は体積変化を伴う体積波で，伝搬方向に変位する．横波は，伝搬方向に垂直な方向に屈曲する変位を生じ，形状変化は生じるが，体積変化は伴わない等体積波である．また，固体の境界面を考える場合，境界面に対して変位が垂直な波をSV波（図(b)），水平な変位の波をSH波（図(c)）という．境界面で弾性波が反射や屈折するとき，縦波（P波）から横波（SV波）への変換，あるいは，その逆が生じる．SV波は単独では存在せず，P＋SV波という形で現れる．SH波は，反射や屈折によって変換は生じない．

表面波は，大きく分けて図2・45のようにレイリー波とラブ波に

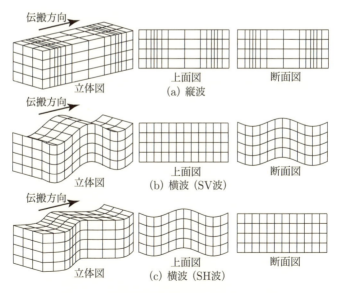

図2・44　弾性体中の縦波と横波（SV波，SH波）

2 超音波の基礎

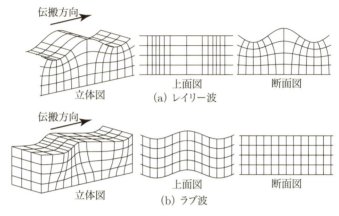

図2・45 弾性体中のレイリー波とラブ波

分けられる．レイリー波は，図 (a) のように伝搬方向の変位成分と固体表面に垂直な変位成分を持ち，表面にエネルギーを集中した形で伝搬する．一方，表面に伝搬速度の遅い層があるとき，表面に SH 波も伝搬する．これをラブ波という．

> **コラム** エジプトで生まれた音響理論 "Theory of sound"
>
> レイリー波を理論的に見いだした，第3代レイリー男爵ジョン・ウィリアム・ストラット博士 (Lord Rayleigh: 1842-1919) は，ケンブリッジ大学キャバンディッシュ研究所の教授を務め，1904年にアルゴンの発見でノーベル物理学賞を受賞した．生来体が弱かった彼は，リウマチ熱を患い，1872年にエジプトのナイル川畔の屋形船で療養した．この間に執筆されたのが，音響学のバイブル "Theory of sound"で，図2・46は1926年に発刊された第2版である．レイリーは，レイリー波

2.3 弾性/圧電振動の基礎

の他にも，音の共鳴現象，相反定理，音響流，音響放射力など，現在も研究されている様々な現象を研究した．この本は，現在もペーパーバックで購入できるようだ．一度，ポチってみては？

図2・46　"Theory of Sound"（第2版：同志社大学理工学部所蔵）

(iv) 圧電振動

弾性体のうち圧電性を示す物質を圧電体という．圧電性には，圧電効果と逆圧電効果がある．圧電効果は，水晶や特定のセラミックス（熱処理などによって製造された非金属の無機質固体材料），ポリマーなどの圧電体に外から力を加えると，その両端に電圧が生じる現象で，

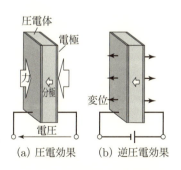

図2・47　圧電効果と逆圧電効果

2 超音波の基礎

ピエゾ効果とも呼ばれる．それに対し，逆圧電効果は圧電体に電圧をかけると素子が変形する現象である．圧電体には，水晶やニオブ酸リチウム（LiNbO$_3$）などの圧電結晶，チタン酸バリウム（BaTiO$_3$）やチタン酸ジルコン酸鉛（PZT）などの圧電セラミックスがある．また，高分子材料の中にも圧電性を示すものがあり，ポリフッ化ビニリデン（PVDF）が知られている．

(1) 分極

圧電体が圧電性を示すのは，圧電体の内部に発生する分極という極性（電気的な偏り）が関係している．例えば，水晶などの圧電結晶は，力が加わっていない場合，図2・48(a)のように格子状の結晶の中のイオンは，外から見ると電気的に中和されている．そこに力がかかると，図(b)や(c)のように，イオンの位置がずれることで電気的なバランスが崩れ，結晶の一方の端がプラスの電気を帯び，その逆の端がマイナスの電気を帯びるようになる．これを分極という．また，結晶に電界をかけると，イオンの位置がずれることでひずみが生じる．

一方，圧電セラミックスは，図2・49のように細かい結晶で構成されている誘電体の一種である．誘電体は，電界（電圧）を加えるとその両端の表面に正負の電荷が現れる（誘電分極）物質であるが，誘電

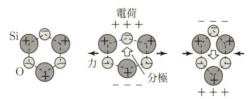

(a) 力がないとき　(b) 力が加わったとき

図2・48　水晶の分極

2.3 弾性／圧電振動の基礎

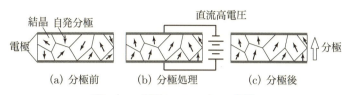

図2・49　圧電セラミックスの分極

誘電体セラミックスの中には，電界を加えなくても結晶中のイオンのバランスが崩れていて，自然状態で分極（自発分極）しているものがある（強誘電体）．焼き固めたばかりの誘電体セラミックスでは，図(a)のように自発分極の向きがバラバラで，全体としては見かけ上電荷の偏りがないように見える．ところが，図(b)のように高い直流電圧を加えると，自発分極の向きが一方向にそろい，電圧を取り除いても元に戻らなくなる（図(c)）．この処理を分極処理といい，誘電体セラミックスに分極処理を施すことで圧電セラミックスになる．

圧電体に電圧を加えると，分極の方向と電圧を加える方向の関係によって，変形の仕方が変わる．図2・50に逆圧電効果による主な変形の種類を示す．分極と電圧の方向が同じときに，図(a)のように圧電体が主に厚さ方向に伸び縮みするものを圧電縦効果，図(b)のように主に横方向に伸び縮みするものを圧電横効果という．縦方

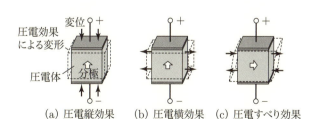

図2・50　逆圧電効果による変形

2 超音波の基礎

向と横方向の変形は，ポアソン比により関連しているので，あくまでもどちらが主であるかを表している．一方，分極と電圧の方向が垂直のとき，図(c)のようにずれによるせん断変形が生じる．これを 圧電すべり効果 という．

(2) 水晶の圧電性

水晶振動子は，水晶片を切断する方位角度（カット）によって振動モードが決まる．図2・51は，水晶の主なカットで，ATカットやBTカット，Xカットなど多くのカットがある．現在市場に流通している水晶振動子の大半は，ATカット水晶振動子である．これは，人工水晶をz軸から$35°15'$の角度で切り出した振動子で，周波数帯域 800 kHz〜300 MHz の 厚みすべり振動 をする．ATカット水晶振動子は，他のカット角の振動子に比べて，広い温度範囲で安定した周波数で振動することも大きな特長である．

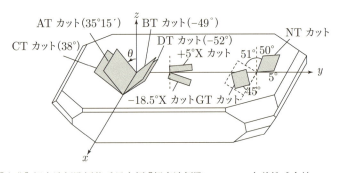

[出典] 超音波便覧編集委員会編『超音波便覧』，p581，丸善株式会社，1999を参考に著者が作成

図2・51 水晶の主なカット

(3) 圧電体の特性

圧電体の特性を決める重要な特性値として，圧電歪定数 d，圧電電圧定数 g，電気機械結合係数 k，誘電損失 $\tan \delta$，機械的品質係数 Q_m，キュリー温度 T_c などがある．圧電歪定数は，逆圧電効果における単位電界あたりに発生するひずみ，あるいは，圧電効果における単位応力あたりに発生する電荷で定義される．また，圧電電圧定数は，単位応力あたりに発生する電界の強さ，あるいは単位電荷密度あたりに生じるひずみで定義される．圧電歪定数と圧電電圧定数をまとめて，圧電定数と呼ぶこともあり，圧電効果の大きさを表している．電気機械結合係数は，電気的エネルギーと機械的エネルギーの変換効率を表す係数で，電気的エネルギーと機械的エネルギーの比の平方根で定義される．圧電素子の形状により共振モードが異なるため，モードごとに電気機械結合係数も異なる．誘電損失は，電気的な損失の程度を表すもので，電気的エネルギーの一部が熱として失われるときの割合を表している．機械的品質係数は，圧電体が共振したときの共振周波数付近における機械的な共振の鋭さを示す定数である．キュリー温度は，圧電体の温度を上昇させていったときに，圧電性が消失する臨界温度である．一度，キュリー温度を超えた圧電セラミックスは，再度分極処理を行わなければ圧電性は示さない．圧電効果は，圧電基本式と呼ばれる連立方程式で記述される．どの物理量で記述するかによって4種類の形式（d, e, g, h形式）がある．

(4) エネルギー閉じ込め

通常の超音波振動子は，表裏全面に電極が設けられている．一方，図 2·52 のように，圧電板の一部分のみに電極を設けて厚み振動を励振（振動を発生させること）すると，振動エネルギーが電極部分に閉

2 超音波の基礎

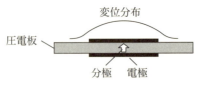

図2・52　エネルギー閉じ込め振動子

じ込められ，電極のない部分では距離とともに振動振幅が指数関数的に減衰するエネルギー閉じ込め現象が生じる．この現象は，圧電板に沿って伝わる厚み振動波の伝搬条件によって生じている．電極を付けたときの共振周波数は，電極の質量が負荷となる効果などにより，電極のないときの共振周波数よりもわずかに低下する．これにより，中央の電極部分では横方向には厚み振動波は自由に伝搬し，横方向定在波が生じるが，周辺の電極がない部分では指数関数的に減衰する．この振動子は，振動が素子の外周部まで及ばないため，良好な共振特性が得られることや，複数の閉じ込め電極を近接させて配置すると，モード間の結合によりフィルタ特性が得られることから，通信用の素子として広く用いられている．

2.4 超音波の発生と計測

　超音波を利用するには，超音波の発生と計測が必要である．それには，電気信号を音響信号に変換，またはその逆の働きをする電気音響変換器を用いる．一般に，超音波を発生・計測する電気音響変換器は，トランスデューサと呼ばれることが多い．また，超音波を発生する場合は振動子，計測する場合はセンサと呼ばれることもある．

2.4 超音波の発生と計測

(i) 超音波の発生

(1) 空気中での超音波の発生

(a) リボンツイータ

音波を発生させる装置といえばスピーカがまず頭に浮かぶ．一般的なスピーカは，動電型の電気音響変換器である．これは，フレミングの左手の法則を利用して，磁界中のボイスコイルを流れる電流に働く力により振動板を振動させる．現在のスピーカのほとんどはこの方式を採用しているが，超音波のような高周波では振動板がうまく振動しなくなり，音波を効率よく放射できない．そこで，高周波帯域まで放射できるように工夫された動電型の電気音響変換器としてリボンツイータがある．ツイータは，高音を受け持つスピーカである．これは，図2・53のように短冊状の金属リボンを磁界中に置き，リボンに電流を流してフレミングの左手の法則によりリボン自体を直接振動させる．リボンはアルミなどの薄膜でできており，ボイスコイルを持たず軽量であることから，100 kHz 程度までの超音波の発生が可能である．ただし，効率が悪いことから超音波トランスデューサとしてはあまり利用されない．

図2・53　リボンツイータ

2 超音波の基礎

(b) 圧電型空中超音波トランスデューサ

空気中の超音波トランスデューサとしては，圧電型のトランスデューサがよく用いられる．この方式では，逆圧電効果を用いて超音波を発生させる．空中超音波トランスデューサは，開放型，密閉型など用途に応じた種類がある．図2・54は，よく使用される超音波トランスデューサの構造概念図である．図(a)の開放型は，圧電セラミック板と金属のコーンを結合することで，効率よく超音波が放射できるようになっており，自動ドアの人体検知，簡易的な距離計や室内の侵入者検知などに用いられている．図(b)の密閉型は，水滴やほこりを避けるために金属容器内に密閉されている．空気は特性インピーダンスが小さいため，空気中で圧電振動子は強く共振する．そのため，空中超音波トランスデューサをインパルス状の電気信号で駆動すると，機械的な振動が長時間持続するリンギングが発生してしまう．

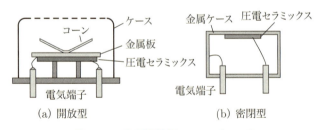

図2・54　空中超音波トランスデューサ

(2) 水中での超音波の発生

水中での超音波の発生には，主として圧電型と磁歪（じわい）型のトランスデューサが用いられる．

(a) 圧電型水中超音波トランスデューサ

圧電型の原理は，空中用の圧電素子と同じであるが，用途に応じて構造が異なる．水中超音波トランスデューサには，圧電セラミックスの1つであるチタン酸ジルコン酸鉛（PZT）が主に利用される．水中では密度や特性インピーダンスが大きいため，空気中に比べて機械的なダンピングが大きくなり，リンギングを小さく抑えることができるが，さらに短いパルスを発生させるために，図2・55のように圧電素子を音響整合層とバッキング材で挟んだ構造とする場合が多い．音響整合層は，媒質と圧電素子との間のインピーダンス整合により放射効率を向上させ，バッキング材は後方に放射される超音波を吸収してリンギングを抑圧する効果をもつ．水中で使用するために，全体を樹脂などで封入する場合が多い．

図2・55 水中超音波トランスデューサ

> コラム　**超音波とインピーダンス整合**
>
> 音響整合層は，超音波を効率よく放射するためにしばしば用いられる．これは，トランスデューサと媒質の特性インピーダンスを合わせる役割を持つ．両者の特性インピーダンスが異なると，境界面で反射が生じ，トランスデューサから媒質への超音波の透過率（放射効率）が

2 超音波の基礎

> 下がる．そこで，両者の中間の特性インピーダンスをもつ中間層（音響整合層）を挿入することで，反射を抑えて，トランスデューサから媒質への透過率を向上させるのである．この音響整合層の厚さが，1/4 波長の奇数倍のときに透過率が最大となる．このように，特性インピーダンスを調節して，出力を最大化させることをインピーダンス整合（マッチング）といい，マッチングの考え方は電気回路の分野で重要な概念となっている．

　数 10〜100 kHz 程度の比較的低い周波数の超音波を放射する場合，図 2・56 のようなランジュバン型のトランスデューサを使用する．圧電セラミックスで，数 10 kHz の共振を生じさせるためには 10 mm 以上の厚さが必要になるが，そのような圧電セラミックスの分極処理は難しい．そこで，圧電セラミックスの両面にジュラルミンなどの金属ブロックを装着して，それらを含めた複合的な共振により低周波数の振動を実現している．

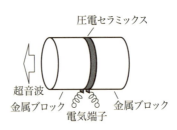

図 2・56　ランジュバン型の水中超音波トランスデューサ

(b)　磁歪型水中超音波トランスデューサ

　圧電以外にも磁歪という現象を利用することで超音波を発生できる．磁歪は，磁性体（外部から磁界をかけたとき磁性を帯びる物質）に外

2.4 超音波の発生と計測

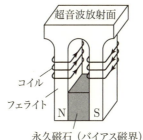

図2・57 磁歪トランスデューサ

から磁気を与えると外形が変形する現象(ジュール効果)である.逆に,磁性体に外から応力を与えると磁化の強さが変化する現象を逆磁歪効果(ビラリ効果)という.図2・57は,この磁歪現象を利用したπ型磁歪トランスデューサの例である.磁性体には,酸化鉄を主原料とするセラミックスのフェライトを使用している.永久磁石は,バイアス磁界をかけてひずみの少ない磁歪効果を得るためのものである.フェライトに巻いたコイルに交流電流を流すと,磁歪効果によりフェライトが振動する.磁歪トランスデューサは,主に周波数 10 kHz 〜 100 kHz の強力な超音波発振に利用されることが多い.また,フェライトは塩水などによる腐食がないため,魚群探知機や超音波洗浄機などで広く利用されている.

コラム　フェライトの発明と軽井沢研修

フェライトは,1930年に東京工業大学の加藤与五郎博士と武井武博士によって発明された.武井博士がフェライト研究中のある日,機器のスイッチを切り忘れるという失敗がフェライトが生まれるきっかけ

2 超音波の基礎

になった.その後,両博士はフェライトの磁力を高め,磁界を加えると永久に磁石になるハードフェライトと,磁界を加えたときにだけ磁石になるソフトフェライト(いわゆるフェライト)を実用化した.フェライトの特許を両博士からゆずり受けて工業化したのが,現TDK株式会社である.加藤博士は,フェライト以外にも数々の特許を取得し,「日本のエジソン」と呼ばれた.博士は,特許収入などをもとに晩年は後進の育成に尽力した.その1つに60年以上の歴史をもち今も軽井沢で毎年夏に行われる創造科学教育夏期研修がある.この研修は,加藤博士が同志社ハリス理化学校の卒業生という縁もあり,本書の全執筆者の母校でもある同志社大学の学生が毎年数名参加しているもので,フェライトのような創造を行える学生の育成を目指している.加藤博士の遺志は超音波の研究者らにも受け継がれている.

(a) 加藤与五郎博士　　(b) 現在の軽井沢研修所

図2・58　加藤博士と軽井沢研修所
(写真提供　(a):同志社大学社史資料センターよりアルバム『創造 "Father of Modern Ferrite"』所収,(b):公益財団法人 加藤山崎教育基金)

(3) 固体中での超音波の発生

(a) 探触子

固体中への超音波の発生も,主として圧電型が用いられる.固体を対象とする超音波トランスデューサは,探触子(プローブ)と呼ば

2.4 超音波の発生と計測

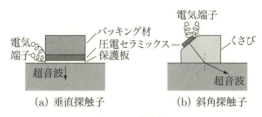

図2・59 探触子

れることが多く,主に,測定対象物を壊すことなく欠陥や劣化の状況を検査する非破壊検査に利用される.探触子は,図2・59のように垂直探触子と斜角探触子に分けられる.図(a)の垂直探触子は,固体表面に対して垂直方向に超音波を送受信する.構造は,水中トランスデューサ(図2・55)と同じであるが,金属ケースに封入されている場合が多い.図(b)の斜角探触子は,アクリルなどでできたくさびに振動子を接着した構造をもつ.圧電振動子からくさび内に縦波を送信すると,くさびと固体の境界面でスネルの法則に従って,モード変換を伴う屈折が生じる.入射角を調整すれば,固体中に横波だけを屈折・伝搬できる.

(b) EMAT

対象が導電性の固体の場合には,電磁力を用いて超音波を発生させるEMAT(Electro-Magnetic Acoustic Transducer)が用いられることもある.図2・60のように,EMATはコイルと磁石で構成される.導体表面付近に設置したコイルにパルス電流を流すと,磁場の変化により導体表面に渦電流が生じる.この渦電流と磁石が作る静磁界によって生じるローレンツ力が導体内に振動を誘起し,超音波として導体中を伝搬する.EMATは,コイルが導体に非接触でも超音波を誘起できるので,圧電トランスデューサのように導体に密

2 超音波の基礎

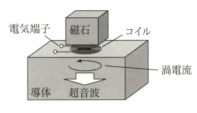

図2・60 EMAT

着させるためのカップリングジェル(音響整合材)などが不要であり、導体表面が荒れている場合や高温下でも適用できる.

(c) IDT

表面弾性波(SAW)を励振するには、圧電結晶(水晶、LiNbO$_3$、LiTaO$_3$など)の基板表面に、図2・61のようなすだれ状電極(IDT)を作成する. IDTに高周波電圧が加わると、IDTの電極間隔に対応する波長の振動が励振され、表面弾性波となって伝搬する. SAWの伝搬速度は数1 000 m/sであり、同じ周波数の電磁波の波長に比べるとSAWの波長は約10万分の1であるため、素子が小型化できるという特長がある. また、製造後に微調整の必要がなく、信頼性や安定性に優れていることや、製造に半導体製造技術であるフォトリソグラフィ技術を利用することで量産化が容易であるなどの特長がある.

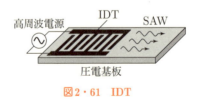

図2・61 IDT

2.4 超音波の発生と計測

(d) 光超音波

光で超音波を発生させることもできる．例えば，図2・62のようにナノ（10^{-9}）秒からフェムト（10^{-15}）秒程度の短いレーザパルスを媒質の小さな領域に集束して照射すると，媒質は光を吸収して温度が局所的に上昇する．高速の温度上昇により媒質が断熱膨張し，弾性波（光超音波）が発生する．このパルス超音波の大きさや時間幅は，レーザパルスの時間幅，集束径，媒質の熱伝導率や熱拡散率，密度などで決まる．

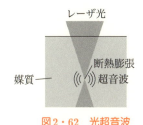

図2・62 光超音波

(4) 強力超音波の発生

強力超音波の発生には，圧電トランスデューサや磁歪トランスデューサが広く使われている．強力な超音波を発生させるために，超音波の半波長あるいはその整数倍の長さや厚さをもつ金属体などの共振現象を用いて大きな振動振幅を発生させる．ほとんどは 10 kHz ～ 1 MHz の周波数範囲の超音波の発生に使用される．そのうち，100 kHz 以下の振動を発生させるトランスデューサとして，図2・63のようなボルト締めランジュバン振動子（BLT）がよく用いられる．BLT は，厚さ方向に分極した2枚の円環形の圧電セラミックスを2つの金属体で両端からはさんだ構造で，金属体を含めた全長で半波長共振させることで強力な超音波を発生させる．圧電セラ

2 超音波の基礎

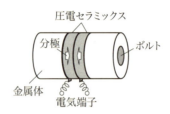

図2・63 ボルト締めランジュバン振動子（BLT）

ミックスは，大振幅で駆動すると壊れやすいという欠点があったが，BLT では中央の貫通ボルトで圧電素子を締め付けることで，圧縮方向のバイアス応力を掛け，頑丈で高出力（電気入力で 100 W 〜 数 kW）な振動子を実現している．

BLT は，大振幅の超音波振動を発生でき，固体中や水中のように特性インピーダンスが大きな媒質に強力な超音波を放射するには適している．一方，空中では特性インピーダンスが小さいため，放射面からそのまま空中に強力な超音波を放射することは難しい．そこで，図2・64のように超音波の波長に比べて十分大きな面積の金属振動板を装着して，振動面の面積を大きくすることで放射される超音波の音響パワーを大きくする音源が開発されている．BLT で

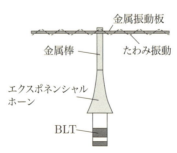

図2・64 振動板付きボルト締めランジュバン振動子

発生した振動変位は，指数関数形状のホーンで増幅され，金属棒を通って振動板に伝えられる．これらはすべて半波長で共振するようになっている．振動板は超音波の波長に比べて十分大きいため，ピストン振動ではなく振動板の形状により様々なモードでたわみ振動する．そのため，超音波の放射パターンも複雑になるが，縞モードで振動するように振動板を設計すると，左右対称の斜め方向に効率よく超音波を放射できるようになる．

(ii) 超音波の計測

(1) 空中超音波の計測

　(a) コンデンサマイクロホン

空中超音波の音圧を計測するには，コンデンサマイクロホンが用いられることが多い．図2・65は，コンデンサマイクロホンの構造である．構造上は，可聴周波数用のものと同じであるが，100 kHz 程度の高周波まで対応させるために，1/8 インチ（約3 mm）といった直径の小さいものが利用される．図のように振動膜（ダイアフラム）と固定電極（バックプレート）からなるコンデンサにあらかじめ電荷を蓄えておき，音圧によりダイアフラムが動くと電極間距離の変化による静電容量（どの程度の電荷が蓄えられるかを表す量）の変化から抵抗両

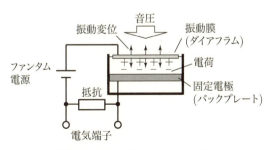

図2・65　コンデンサマイクロホン

2 超音波の基礎

端の電圧が変わる原理を用いている.コンデンサに電荷を蓄えるために,直流で数 10〜200 V 程度の電圧供給(ファンタム電源)が必要であるが,高域までの平坦な音圧感度の周波数特性が特長である.

(b) MEMSマイクロホン

最近では,超音波計測に MEMS(Micro Electro Mechanical Systems)マイクロホンも使用されるようになった.MEMS は,微小な電気機械システムのことで,シリコン基板などの上にセンサやアクチュエータ,電子回路などを半導体技術によりひとまとめに作成したデバイスのことである.MEMS マイクロホンの原理は,コンデンサマイクロホンと同じで,図 2・66 のようにシリコン基板上にキャビティ(空洞)とダイアフラム,わずかな隙間をあけて対向するバックプレートがエッチングによって作製されている.音孔からキャビティ内に伝わった音圧によりダイアフラムが動くと,バックプレートとの静電容量が変わることを利用している.

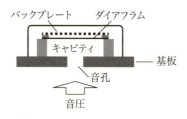

図 2・66 MEMS マイクロホン

(c) シュリーレン法

マイクロホンは,ある点の音圧の時間波形(音圧波形)を測定できるが,音圧の空間分布をカメラのように 2 次元的に取得できる手法としてシュリーレン法がある.シュリーレン法は,透明な媒質の中

2.4 超音波の発生と計測

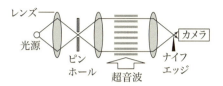

図2・67 シュリーレン法の光学系

に音圧による屈折率の異なる部分があるとき,光の進行方向が変化することを利用して,その部分の密度勾配を映像化する光学的手法である.図2・67のように,点光源から出た光をレンズで平行光にし,再びレンズにより焦点で集光する.平行光が音場を通過するとき,音圧による密度(屈折率)の変化により光が屈折するので焦点で集光しなくなる.そこで,焦点にナイフエッジを置いて音場によって屈折した光をしゃ断しておくと,密度変化が大きい部分を通過した光は屈折するので暗く,密度変化が小さい部分はあまり屈折しないので明るくなり,密度勾配を明暗として映像化できる.

(2) 水中超音波の計測

(a) ハイドロホン

水中超音波を計測するセンサは,ハイドロホンと呼ばれる.圧電型のハイドロホンには,図2・68のようにメンブレン型とニードル型がある.図(a)のメンブレン型のハイドロホンは,厚みが20〜100μm程度,直径100 mm程度のポリフッ化ビニリデン(PVDF)による高分子圧電膜からできている.中央付近の微小な部分のみの振動を捉えるために,膜の両面にある正負の電極が交差する範囲が直径0.5〜1 mm程度になるように電極を配置している.数10 MHzまでの広帯域で平坦な音圧感度の周波数特性をもつ.図(b)のニードル型のハイドロホンは,細長い棒の先端にPVDFやPZTの微

2　超音波の基礎

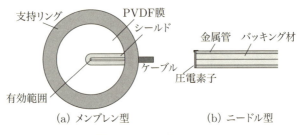

図2・68　ハイドロホン

小な圧電素子が取り付けられている．直径 10 mm 程度で約 1 MHz までの低周波帯域のものや，直径 1 mm 以下で数 10 MHz まで帯域があるものなどがある．小型で移動しやすいため，スキャニングにより音圧などの空間的分布を計測するのに用いられる．

(b) 光ファイバハイドロホン

音圧の検出と信号の伝送に光ファイバを用いた**光ファイバハイドロホン**も開発されている．図2・69は，光波長変調方式の光ファイバハイドロホンである．図(a)は，光ファイバの先端部に微小な**ファブリ・ペロー共振器**を作成し，その部分のみに音圧に対する感度を持たせた微小ハイドロホンである．ファブリ・ペロー共振器は，光学反射面を向かい合わせ，光の多重反射を用いた干渉により波長や位相差を測定する装置である．光ファイバハイドロホンでは，光

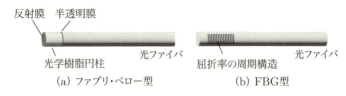

図2・69　光波長変調方式の光ファイバハイドロホン

2.4 超音波の発生と計測

ファイバの先端部が，光学樹脂円柱をはさんで金の半透明膜と反射膜から構成されており，半透明膜から入射した光が反射膜との間で多重反射することで共振する．音圧が加わると樹脂円柱の長さが変わり，実効的な共振器長が変化するので，光の共振周波数が変調されることを利用して音圧を測定する．図(b)は，ファイバブラッググレーティング(FBG)を用いる方式である．FBGは，光ファイバコアの屈折率を長手方向に周期的に変化させたもので，屈折率の周期に対応した波長の光が，光ファイバから入射すると大きく反射される．その状態で，音圧が加わると光ファイバの実効長が変化するので，反射光が変調されることになり，これを検出することで音圧を測定する．

(3) 固体超音波の計測

固体中の超音波を計測するには，圧電トランスデューサを固体表面に貼り付ける方法が多い．原理は，2.4(i)(3)で説明した探触子とほぼ同じである．

固体表面の振動を測定する装置として，図2・70のようなレーザドップラー振動計(LDV)がある．レーザから照射されたレーザビームは，ビームスプリッタによって2系統に分離され，1つは測定対

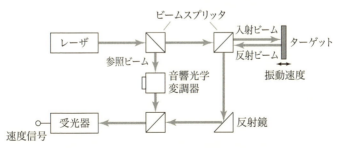

図2・70 レーザドップラー振動計の構成図

象(ターゲット)への入射ビーム，もう1つは参照ビームとなる．ターゲットからの反射ビームは，ターゲット表面の振動速度に対応したドップラーシフトを生じているため，音響光学変調器(AOM)で周波数シフトを与えられた参照ビームと干渉させることでビート信号を得る．このビート信号から，ドップラーシフトによる周波数成分だけを取り出し，FM復調回路により振動速度に応じた電気信号として出力する．数10 MHz程度の周波数の振動を測定できる．また，ホログラフィの手法で振動分布を可視化することも試みられている．

2.5 超音波の伝搬

超音波の波長は音速に比例し，また周波数に反比例する．音速は，電磁波の速度(光速)の数10万分の1しかないため，同じ周波数の波でも音波の波長は電磁波の波長に比べ圧倒的に短い．また，超音波は周波数も高いため，非常に短い波長も電磁波に比べ容易に実現できる．波長が短くなっても音波の波としての性質は同じであるが，2.1で述べた波の性質のうち反射や回折，干渉などの現象が異なってくる．ここでは，波長や周期が短いことによって現れる性質について説明する．

(i) 超音波の反射と分解能

超音波では反射を用いる応用が多いので，まず超音波の反射について考えよう．音波の反射は，2.2(vi)(2)で説明したように特性インピーダンスの異なる媒質の境界で生じるが，これまでは境界が十分に大きく，平面波が入射する場合について考えた．一方で，実際には反射物体は有限の大きさで，音波も平面波ではない．その場合の反射の特徴について考えよう．音波の波長が物体に比べて十分に長いと，音波は素通りしていくが，音波の波長が物体に比べ短いと，音

2.5 超音波の伝搬

波は物体によって反射されるようになる．これは，水面に浮かぶ船をイメージすれば分かりやすい．船の大きさよりも波長が長い波の場合は，船は波により上下に揺れるが，波は反射されずに素通りしていく．一方，波長の短いさざ波では，船体表面で反射される．このように，波が物体によって反射されるときには波長が関係し，波長が短いほど反射されやすくなる．

(1) パルスエコー法と距離分解能

反射を応用した超音波技術として，1.3で触れたパルスエコー法がある．パルスエコー法は，反射波（エコー）の大きさや返ってくるまでの時間などを用いて，物体までの距離や形などを推定する技術である．この技術について，波長の持つ意味を考えよう．

図2・71(a)のように，2つの境界A, Bが並んでいるところにパルスが入射した場合を考える．パルスはまず境界Aで反射し，一部は透過する．透過波はつぎに境界Bで反射し，その一部は透過する．このとき，境界Aからのエコーと境界Bからの2つのエコーが戻ってくるが，パルスの波長が境界間の距離よりも短ければ，図(b)のように2つのエコーが分離されて受信される．ところが，波長の方が境界間距離よりも長いと2つのエコーが重なり，個々のエ

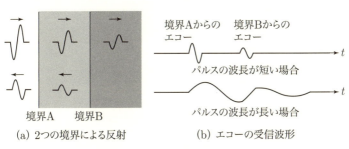

(a) 2つの境界による反射　　(b) エコーの受信波形

図2・71　2つの境界からのエコー

コーとして分離できなくなる．このように，2つの並んだ境界や点を分離できる能力を分解能あるいは解像度と呼ぶが，超音波の波長は音波の伝搬方向の分解能（距離分解能）に関わり，波長が短いほど分解能が良い．距離分解能は，超音波映像装置で性能を左右する重要な要因の1つである．

(2) 指向性と方位分解能

つぎに，音波が平面波ではない場合を考えよう．例えば，円形の超音波トランスデューサから放射される音波はその典型で，図2・72(a)はそのモデルである．ピストン音源は，音源の表面がすべて同期して同じ振動速度で振動する理想音源で，無限大バッフル板は音源の裏面に放射された音波を正面に回り込ませない壁と考えてよい．図(b)は，この音源によって空気中に形成される音場を音圧振幅に応じた色で表現した計算例で（明るい部分は音圧が高い），図(c)はそのときの指向性である．円形ピストンの半径を $a = 5$ cm とし，1 kHz の可聴音と 40 kHz の超音波をそれぞれ放射した場合である．1 kHz の可聴音の場合は，波長に比べピストン音源の半径が十分に

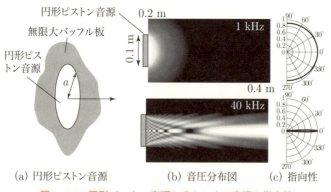

(a) 円形ピストン音源　　(b) 音圧分布図　　(c) 指向性

図2・72　円形ピストン音源とそれによる音場と指向性

2.5 超音波の伝搬

小さいため，点音源のようにほとんど等方的に音波が放射されている．それに対し，40 kHz の超音波では音源の近くで激しい干渉（音圧の変化）が見られており，音波が直進的に放射されて指向性も鋭くなっている．このように，指向性が鋭く直進性の高い音波を**ビーム**といい，超音波は周波数が高い（波長が短い）ためにビームを形成しやすいことが分かる．

ここで，**指向性**について詳しく見てみよう．図2・73は，典型的な超音波トランスデューサの指向性パターンで，放射方向に大きく延びているものを**メインローブ**，メインローブ以外の方向のパターンを**サイドローブ**と呼ぶ．また，音圧がメインローブの最大値の−3 dB（約0.707），またはパワーが1/2に低下する方向の角度（両側）を**半値幅**または**半値角**という．したがって，半値幅が小さいほど指向性が鋭くなる．この半値幅は，**方位分解能**に関係する．方位分解能は伝搬方向とは垂直方向の分解能である．図2・74のように，近接している2つの小さな反射体をパルスエコー法で見分ける場合で考えよう．パルスエコー法では，超音波トランスデューサでパルスを放射し，走査しながらエコー強度を記録する．半値幅が大きい場合は，図（a）のように両方の反射体にメインビームが当たるため，2

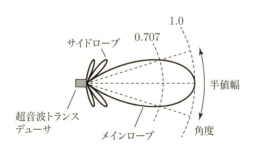

図2・73 指向性パターン（音圧）

2 超音波の基礎

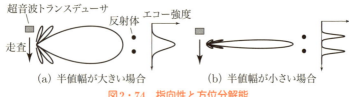

図2・74 指向性と方位分解能

つの反射体からのエコーが同時に返ってしまうことから，エコー強度によって反射体を分離することはできない．一方，半値幅が小さい場合は，図(b)のように個々の反射体に別々にメインビームが当たるため，反射体を分離することができる．したがって，半値幅が小さいほど方位分解能が高いことになる．

(3) パルスドップラー（パルスドプラ）法と時間分解能

超音波は波長が短いために空間分解能が高いが，時間についても同様に分解能（時間分解能）が高くなる．例えば，パルスエコー法において，反射体が移動している場合を考えよう．反射体が移動しているとき，反射体からのエコーはその速度に応じて，ドップラー効果により周波数や位相が変化する．例えば，図2・75のように，パルスを複数回放射して，ある特定位置からのエコー信号の瞬間値を

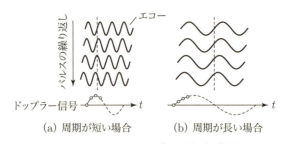

図2・75 パルスドップラー法の概念図

2.5 超音波の伝搬

サンプリングすると，反射体が超音波のビーム方向に移動していれば，ドップラー効果により変化した周波数の差がドップラー信号として記録される．これをフーリエ変換すればドップラーシフト周波数が得られ，反射体の速度が求められる．これをパルスドップラー法という（医用超音波の分野ではパルスドプラ法と呼ばれることも多い）．このとき，図（a）のように，超音波パルスの周期が短ければ（周波数が高ければ），ドップラーシフト周波数が大きく計測され，図（b）のように長ければ小さく計測される．すなわち，超音波の周期を物差しにして位相変化を計測していることになり，周期が短ければ時間（周波数）分解能も高くなるのである．

(ii) 複雑な媒質中の超音波伝搬

超音波の伝搬速度や減衰は，2.2で説明したように伝搬する媒質の弾性や粘性など物性によって決まるが，その構造にも依存する．金属やガラスなど均質な材料の場合は，音速は弾性係数と密度だけで決まる．しかし，自然界に存在する物質で均質なものはほとんどなく，すべての物質は不均一（物理的性質が局所的に異なること）で，多くは異方性（物理的性質が方向により異なること）をもつため，超音波の伝搬もそれらの影響を受ける．例えば，図2・76に示すカラマツの幹は，年輪に図（b）のような微細構造を持ち，道管や師管が上下に走っていることから，弾性係数が方向によって異なるため，超音波の音速は大きな異方性をもつ．縦波の音速は，幹の上下方向で4 500～5 600 m/s，円周方向で1 600～2 600 m/s，半径方向で1 200～2 000 m/sであり，方向によって大きく異なる．

このような超音波の異方性は，ある方向に弾性や強度を高めた人工材料においても同様に生じる．例えば，図2・77のような炭化ケイ素繊維強化チタン合金は，z軸方向に延びる炭化ケイ素（SiC）繊

2 超音波の基礎

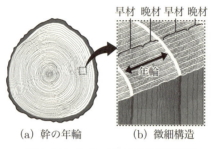

図2・76 カラマツの年輪と微細構造

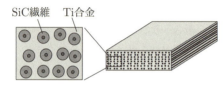

図2・77 チタン合金をSiC線維によって強化した複合材料

維が特長であるが，その方向で高い弾性と強度を示すことから，航空機などへの応用が考えられている．SiC単体の縦波音速は11 000 m/s以上で，SiC繊維方向に伝搬する縦波の音速は非常に大きいが，伝搬方向と繊維方向がなす角に依存して変化する．

　生体の各組織も不均一で異方性をもつが，その特徴が最も強く見られるのが骨組織である．例えば，図2・78はウシ大腿骨の断面である．表面は皮質骨と呼ばれる緻密な骨でおおわれているが，内部には網目状の海綿骨が広がっている．大腿骨，脛骨，橈骨のような長骨の端にはこのような海綿骨が多く存在する．この骨端の海綿骨をよく見ると，網目状の骨（骨梁）が方向性をもって並んでいることがわかる．この骨梁は，連結しながら主に体荷重がかかる方向に向いており，骨全体の強度を保つ働きをもつ．図2・79は，ヒト皮質

2.5 超音波の伝搬

図2・78 ウシ大腿骨の断面の様子

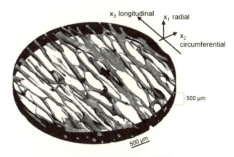

図2・79 皮質骨内の骨孔の様子
（写真提供：ベルリン医科大学 Dr. Kay Raum）

骨断面の画像で，血管などの通路である骨孔（ハバース管）が多数みられる．骨孔の多くは骨の長手方向に延びており，ここでも骨の構造の異方性を見つけることができる．また，興味深いことに，皮質骨をもっとミクロに調べていくと，骨中には長手方向に並ぶコラーゲン線維があり，線維の中には同じく長手方向に並んだハイドロキシアパタイト（リン酸カルシウムの一種）の微結晶が見つかる．このように，骨はミクロには異方性をもち，かつマクロには骨孔が存在するため，骨の中を伝搬する音速も伝搬方向によって大きく異なる．もちろん，長骨では長手方向に伝搬する音速がもっとも高いことはいうまでもない．

2 超音波の基礎

> **コラム　超音波を通さない物質は何か？**
>
> 　超音波が大きく減衰する物質は，超音波を通さない物質といえる．減衰には粘性減衰，構造減衰（☞2・2(iv)）などがあるが，水あめのような「ねばい（粘性の高い）」物質は音波をあまり通さない．例えば，固まりつつある接着層に超音波を照射した場合，最初は液体状態なので音波はよく伝搬するが，少しずつ硬化して水あめのような状態になると，伝搬する音波は接着層に吸収されて急激に減少する．さらに，硬化が進んで固体になると，粘性が低下し再び音波は伝搬するようになる．では，超音波を通さないのは「ねばい」物質だけか？実は大根も意外と超音波を通さないことが知られている．「ほとんど，水でできているような大根がなぜ？」と思われるかもしれないが，大根には多くの繊維質が含まれており，入射した音波がこの繊維で散乱するためと考えられている．そういえば，昔から水中音響の分野では，実験用水槽の壁面を松材のくさびで覆い，壁面からの反射をなくす工夫がなされてきた．水に近い特性インピーダンスを持ちながら音波を大きく減衰させる材質として，植物は超音波分野でも活躍しているのである．

(iii) 超音波の非線形現象

　これまで解説してきた音波の様々な性質は，線形現象である．線形とは直線（比例）という意味であるが，音波の場合，何と何が比例しているのだろうか．フックの法則で考えると，力と変位が比例していることが線形である．しかしながら，バネを伸ばしすぎると伸びきってしまうように，ある範囲を超えると力と変位は比例しなくなる．この状態を非線形と呼んでいる．厳密には，小さな力のときも比例していないが，力が小さいときには非線形の性質が無視できるほど小さく，力が大きくなると非線形性が見えるようになるのである．

　では，音波の場合はどうだろうか．例えば，空気中の音波では，

2.5 超音波の伝搬

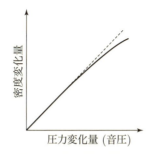

図2・80 媒質の圧力変化量と密度変化量の関係

媒質の圧力変化（音圧）と体積変化率の関係が，ポアソンの法則（☞ 2.2(i)）により比例していない．体積変化は密度変化に対応するので，圧力変化と密度変化の関係は図2・80のように非線形になっている．非線形状態では，線形現象では見られない様々な特異な非線形現象が生じる．特に，超音波は高周波であり，音圧も大きいことから，非線形現象が生じやすい．ここでは，いくつかの音波の非線形現象について解説する．

(1) 波形ひずみ

音圧と密度変化が比例しなくなると，その傾きの逆数の平方根で表される音速が音圧に依存するようになる．すなわち，波形で音圧が大きい部分ほど局所的に音速が速くなり，逆に負の部分は遅くなるため，伝搬とともに図2・81のように波形ひずみが生じることになる．このような波形ひずみは，身の回りの音波ではほとんど生じず，音圧レベルが 120 dB（☞2.2(i)表2・1）を超えるような大振幅の音波で顕著に観測される．このように，波形ひずみが生じる音波を有限振幅音波といい，波形ひずみが無視できるような小さな振幅の音波を微小振幅音波（線形音波）という．音波が大振幅を保ったまま

2 超音波の基礎

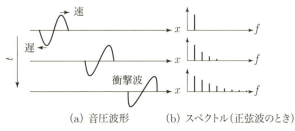

(a) 音圧波形　　(b) スペクトル（正弦波のとき）

図 2・81　非線形現象による波形ひずみ

伝搬すると，ある距離で音圧の立ち上がりや立ち下がりの波面が急峻になる衝撃波が形成される．超音速旅客機から発生する衝撃波は，流体力学的に発生するため強い衝撃波と呼ばれるのに対し，波形ひずみによる衝撃波は弱い衝撃波と呼ばれる．

正弦音波の波形ひずみ現象をスペクトルで考えると，図 2・81 (b) のように元の正弦波の 2 倍，3 倍，…の周波数成分である高調波が新たに発生していることになる．非線形現象で発生した高調波は，同じ周波数の線形の音波とは異なる特徴をもっており，医用画像診断装置などに利用されている．このような波形ひずみは，音波の振幅が大きくなると現れやすくなるが，振幅以外にも音波の周波数にも依存する．例えば，図 2・82 は同じ振幅で周波数の異なる音波の波形ひずみを比較したものである．図中の点線は元の波形，実線は伝搬後の波形である．周波数が高くなるとひずみが相対的に大きくなっている．これは，非線形効果により生じる波形各点のずれ（図中の矢印）は，その点の音圧のみに依存するため，音圧が同じであれば周波数に関係なく同じずれになる．したがって，音波の波長が短いと相対的に波長に対するずれの割合が大きくなる．これが，超音波で非線形効果が大きくなる理由である．

2.5 超音波の伝搬

図2・82　周波数が異なる音波の波形ひずみ

(2) 和音・差音とパラメトリックアレー

波形ひずみにより発生するのは高調波だけではない．周波数の異なる2つの音波の非線形現象では，波形ひずみにより図2・83のように2つの周波数 (f_1, f_2) の和の周波数 (f_1+f_2) の音波 (和音) と差の周波数 (f_2-f_1) の音波 (差音) も発生する．これは，非線形現象が主に2乗の効果であることが原因である．このうち，差音は特徴的な性質を持っている．例えば，f_1, f_2 を 39 kHz と 40 kHz の超音波とすると，差音は 1 kHz という可聴音になる．すなわち，聞こえない超音波を放射すると，伝搬の過程で波形ひずみにより聞こえる差音が発生することを意味する．この差音は，超音波の伝搬とともに徐々に空間に生成・蓄積されるため，超音波の伝搬方向に強く放射される．これは，図2・84のように微小なスピーカが空間にアレー状に並べられたのと等価な性質を持ち，これをパラメトリックアレーと

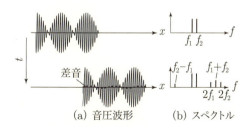

(a) 音圧波形　　(b) スペクトル

図2・83　周波数の異なる2つの音波の波形ひずみと和音・差音

2 超音波の基礎

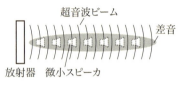

図2・84 パラメトリックアレー

呼ぶ．微小スピーカは，超音波の音圧が小さくなるまで生成され続けるため，差音の波長に比べて十分に長いアレーとなり，結果的に差音が低い周波数であっても鋭い指向性となる．

(3) 音響放射力

音波の非線形現象は，波形ひずみ以外にも様々な現象がある．その1つに音響放射力がある．音響放射力は，異なる音響インピーダンスを持つ2つの媒質の境界で音波が反射・透過する際に生じる力である．線形の定常状態では音圧の時間平均値が0であるため，通常は境界面に力は作用しない．一方，入射音波の音圧が大きい場合，2次の非線形効果を考慮すると音圧の時間平均値は0ではなくなり，境界面をはさんで2つの媒質の音響エネルギー密度に差が生じる．エネルギー密度の単位は，J/m^3で，これは$N/m^2 = Pa$に書き換えられるため，境界面をはさむ媒質内のエネルギー密度の差は，結局は境界面を両方から押す圧力の差に相当する．その結果，境界の両側に働く圧力の均衡が崩れることになり，その差に相当する圧力が境界面に働く．これが，音響放射力である．この力は微小であるが，直流的で一定であるという性質を持つ．

この音響放射力は，媒質や境界面に一定の力を及ぼし，物体を動かしたり，境界面の形状を変えたりできる．例えば，図2・85(a)のように超音波放射器に対向させて反射板を設置すると，間に定在波

2.5 超音波の伝搬

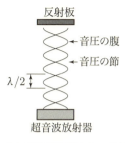 

(a) 定在波音場中の　(b) 音圧の節に捕捉されたタンポポの種
　　音圧分布　　　　　　（写真提供：愛知工業大学 小塚晃透教授）

図2・85　超音波浮揚

が形成される．このとき，半波長（$\lambda/2$）ごとに節ができるが，そこに微小な物体を入れると音響放射力が働き，図(b)のように物体が捕捉される．これは超音波浮揚と呼ばれ，微細な部品や液体などを超音波で空中に浮かせ，非接触で搬送する用途に用いられている．

(4) 音響流

音響放射力は，物体の境界面だけでなく媒質にも影響を及ぼし，音響流という特定の流れを媒質内に作り出す．この流れは，音響放射力の性質や強さ，伝搬する音波の特性によって異なり，図2・86のようにエッカルト型，レイリー型，シュリヒィティング型の3つのタイプがある．エッカルト型の音響流は，不均一な自由音場内で観察されるもので，その流れは超音波の波長に比べて非常に大きなスケールを持つ．これは，音波の伝搬に伴うエネルギーの分散が大きなスケールで生じるためである．レイリー型の音響流は，定在波音場内で粘性境界層（粘性がある流体が境界からの影響を受ける領域）の外部に形成されるもので，その流れは波長程度の大きさの渦を持つ．これは，定在波が境界層内で生じるエネルギーの動きを示している．

2 超音波の基礎

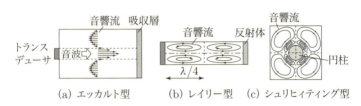

(a) エッカルト型　　(b) レイリー型　　(c) シュリヒィティング型

図2・86　音響流の3つの型

一方，シュリヒィティング型の音響流は，音場中の物体表面の粘性境界層内で発生する渦を特徴とし，この流れは波長に比べて非常に短いスケールを持っている．これは，物体表面近くでの粘性の影響が強いことを示している．これらの音響流の応用は多岐にわたる．例えば，隔膜を介しての非接触での撹拌や，熱伝達効率の向上，化学反応の促進などの工学的応用，医療や生物学の分野でも病気の診断や治療において新しい可能性が開かれている．

> **コラム　クントの実験の謎**
>
> クントの実験を知っているだろうか．水平に設置したガラス管（クント管）の中に，コルクの粉末などの軽い微粒子を入れておき，管の中に共鳴による定在波を発生させる．音圧がある値以上になったとき，定在波の粒子速度の腹の位置にあるコルク粉が動き出し，1粒分の厚さで垂直につぎつぎと立ち上がる．最終的には，図2・87のような音波の波長より短い間隔の縞模様を形成する現象が観測される．縞模様は山状に分布し，山の間隔が音波の半波長に対応する．高校の物理などで，定在波の可視化や音速の測定法として実験されているが，実はなぜこのような現象が生じるのかは，未だに完全には解明されていない．ただ，ここで述べた音響流や音響放射力などが複雑に作用してい

ると考えられている．古い学問と思われている音響学にも，まだまだ多くの謎が残っているのである．

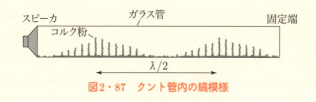

図2・87　クント管内の縞模様

(iv) 光と超音波

液体や気体中を伝搬する音波は，縦波（粗密波）であるから，音場では密度が時間的，空間的に変動することになる．また，密度の変動は屈折率を変化させるから，音場を通過する光の経路が屈折により変化する．例えば，図2・88のような平面波の伝搬を考えよう．音波の波長より十分細いビーム状の光（例えばレーザ光）が，音波の伝搬方向に垂直に通過すると，音波により媒質中に生じた屈折率の勾配によってレーザ光は屈折する．ただし，音波の伝搬によりレーザ光が通過する音場の密度勾配が正から負に変化すると，光の屈折の方向も変わる．したがって，音波が通過するとその周波数に対応して

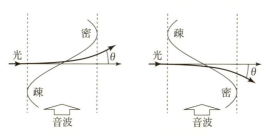

図2・88　音波による光の屈折

2 超音波の基礎

光の屈折の方向が往復することになる．極低周波の音波の場合，このレーザ光の屈折の方向変化を目で追えるが，周波数が高くなりヒトの目の時間分解能（数 10 ms 程度）より変化が高速になると，光の動きを判別できなくなり，音波の進行方向に平行な線状の光が見える（実際は光が高速で往復している！）．

では，周波数が高い超音波の場合はどうなるのだろうか．音波の波長がレーザ光のビーム径より短くなると，音場を通過する光も異なる様子を示す．例えば，図 2・89 のように，光のビーム径が超音波の波長より十分大きい場合を考えよう．水中では，超音波の波長は 5 MHz で約 0.3 mm であるから，ビーム径が 1.5 mm のレーザ光の場合，ビーム内に音波が 5 波長存在することとなる．このとき，光が通過する媒質内には，超音波による周期的な屈折率変化ができる．この屈折率変化は，回折格子と同じ働きをするため，音場を通過した光は回折することになる．これをラマン-ナス回折という．

もっと周波数が高くなると（例えば数 10 MHz），0 次を除いて回折光は弱まるが，少しレーザ光を傾けて音場に入射すると，0 次光と共に片側の回折光が強く観測されるようになる．図 2・90 のように，

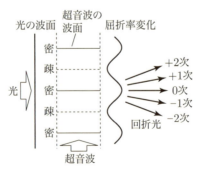

図 2・89　超音波による光の回折（ラマン-ナス回折）

2.5 超音波の伝搬

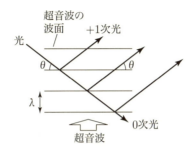

図2・90 ブラッグ反射

超音波の波長（λ）と入射角（θ），光の波長（Λ）の間にブラッグの条件（$\lambda = \Lambda / (2\sin\theta)$）が成立すると，片側の1次光が観測されるのである．この現象は，ブラッグ反射と呼ばれている．

それでは，さらに周波数が高くなるとどうなるだろうか．実は，音波の定義にも関わるが，すべての物質は熱による密度のゆらぎをもっており，この密度ゆらぎを超高周波の音波（熱フォノンと呼ばれる）と考えることもできる．この状態は，音波の波長が長いものから短いものまで，位相や向きもばらばらで分布しているのと同じなので，どのような方向から光が入射しても，必ずブラッグ反射が起こることになる（ブリユアン（ブリルアン）散乱）．散乱光のスペクトルを観測すると，図2・91のようにレイリーピークと呼ばれる周波数が変化しない弾性散乱光と，低周波側と高周波側にシフトした非弾性散乱光であるブリユアンピークが観測される．このブリユアンピークのシフト周波数（Δf）と音波の波長の積が音速となることから，波長を固定して周波数を測定することで音速を求めることができる（ブリユアン散乱測定）．通常のパルス法などによる音速測定では，周波数を固定して伝搬時間や波長を計測することで音速を算出するた

2 超音波の基礎

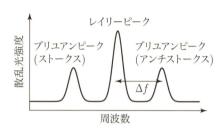

図2・91　ブリユアン散乱光のスペクトル（Δƒはシフト周波数）

め，考え方が大きく異なる．微弱な熱フォノンによるブリユアン散乱光の計測は難しいが，測定対象物が透明であれば，その形状によらず音速を計測することができる．超音波の発生が難しい GHz 帯域の音速計測や，薄膜の評価などに用いられる．

2.6　超音波のパワー

　超音波のパワーを利用する技術に強力超音波がある．これは，振動子などの共振現象を利用して作り出した大振幅振動，および空気などの媒質中に放射された超音波のことである．超音波が何 kHz 以上の周波数の音波と明確に定義できないように，強力超音波も音響強度が何 W/m^2 以上という定義はない．超音波加工や超音波洗浄などの音波の物理的なエネルギーを利用する比較的パワー密度が高い超音波という程度の定義があるのみである．また，発生した強力超音波はそのパワーにより様々な特異な現象を生じる．ここでは，強力超音波に伴う様々な現象について説明する．

〔ⅰ〕**超音波による発熱**

　媒質中を強力な超音波が伝搬すると，そのエネルギーの一部は媒質に吸収され，発熱する．一般的な発熱のメカニズムは，超音波が

2.6 超音波のパワー

媒質を伝搬する際に引き起こされる粘性摩擦である．媒質の粘性が高く，超音波の周波数が高いほど（多くは周波数の 2 乗に比例して）吸収係数は大きくなるので，それに伴って発熱も増加する．また，超音波のエネルギーが大きいほど発熱も大きくなる．超音波は直進性が高いため，特に熱伝導率が低い媒質の場合，部分的に加熱することもできる．

　不均質な媒質中を超音波が伝搬する場合は，少し異なった様子を示す．例えば，水中に数多くの微小気泡が存在する場合，超音波の伝搬により気泡は収縮と膨張を繰り返し，気泡の表面（気液界面）の摩擦によって発熱することから，水のみを伝搬するときと比較して超音波の減衰と発熱は大きくなる．このときの減衰や発熱の大きさは，超音波の波長と気泡サイズに依存する．

　第 3 章で説明するように，超音波はエコー診断などの医療への応用も盛んである．超音波を体内に放射する場合も，体内で超音波が吸収されることから発熱が生じる．特に，骨とその周囲組織といった音響的に大きく異なる媒質間の境界では，摩擦によって発熱が生じやすいことが知られている．また，HIFU（☞3.2(ii)(3)）のように，超音波を体内の一ケ所に集束させることで，体内の一部のみを加温する技術も多く開発されている．このような超音波照射による発熱が，生体に与える影響が懸念されることから，その安全性を評価する指標として TI（Thermal Index）が定められている．TI は生体組織の温度を 1 ℃上昇させるのに必要な音響パワーに対する生体内での実際の全音響パワーの割合と定義されており，TI = 1 の場合，その超音波照射により生体組織の温度が 1 ℃ 上昇することを意味している．エコー診断に用いる超音波診断装置では，生体内を映像化している範囲内の最大値で表示され，アメリカ食品医薬品局（FDA）

2 超音波の基礎

ではTI = 6を1つの上限として定めている．

(ii) キャビテーション

超音波のパワーに関連する興味深い現象として，キャビテーションがある．液体中で圧力が低下すると，核となる液体中の微量の気体が圧力低下に伴い膨張，その後に急激に収縮する(圧壊)．この圧壊現象が，時間的，空間的にランダムに起こる現象がキャビテーションである．例として，船のスクリューなどのプロペラ表面に発生するキャビテーションがある．高速に回転するプロペラ表面で圧力が低くなることでキャビテーションが発生し，ノイズや壊食(気泡がつぶれる際に，その衝撃波により近くにある物体が徐々に摩耗し，破壊される現象)の要因となることはよく知られている．

液体中で強い超音波を照射することでもキャビテーション(音響キャビテーション)が発生する．超音波を照射すると，圧力は静圧を基準に超音波の周期で振動する．超音波の音圧が小さいと，液体中に存在する気泡核は，図2・92のように超音波の周期に同期して膨張，収縮する．一方，音圧が大きい場合，減圧時に気泡が大きく膨張し，その後の加圧時に急激に圧壊する．圧壊後は気泡が消滅するのではなく，その後も残存気泡が膨張と収縮を繰り返す(リバウンド振動)．圧壊から再膨張する際には，衝撃波が発生することが知られている．また，圧壊時には気泡の体積は断熱的に小さくなり，急激に気泡内の圧力，温度が上昇する．数値シミュレーションの結果では，気泡内の温度は1万度以上，1 000 気圧程度に達すると推測されている．このような状況では，気泡内の気体が電子とイオンに分離し(プラズマ化)，発光することが知られている．この現象は，ソノルミネッセンスと呼ばれ，音波のエネルギーが光に直接変換される数少ない現象である．

2.6 超音波のパワー

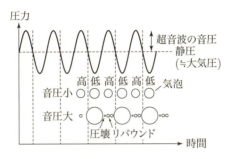

図2・92　音響キャビテーションの周期振動

ソノルミネッセンスには，マルチバブルソノルミネッセンス（MBSL）とシングルバブルソノルミネッセンス（SBSL）がある．通常のキャビテーションは，多数の気泡が振動，圧壊，分裂を繰り返すMBSLであるが，気泡の数やサイズがバラバラで，気泡同士の相互作用もあることなどからその評価が難しい．一方，単一気泡のSBSLは，それらの影響を受けないことから，単一気泡の安定的な発生技術によりソノルミネッセンスの現象解明が飛躍的に進んだ．SBSLは，図2・93（a）に示すように容器内に超音波の定在波を形成しておき，水面を細い棒などで叩くと，水面で発生した小さい気泡が音響放射力により定在波の腹の位置に捕捉され，その位置で発光する．発光強度は非常に小さく，暗室において目視でわずかに確認できるほどであるが，気泡は同じ振動を超音波に同期して安定して繰り返すため，カメラの露光時間を長くすることで発光を明瞭に観察することができる．図（b）はSBSLを観察した一例であり，定在の腹の位置に捕捉された気泡が発光している様子がよくわかる．

ソノルミネッセンスは，気泡の形状が対称性（球形）を保ちながら，急激に収縮する際に起こりやすい現象である．しかし，気泡周囲に

2 超音波の基礎

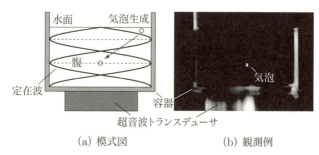

(a) 模式図　　　　　　(b) 観測例

図 2・93　シングルバブルソノルミネッセンス（SBSL）

壁が存在する場合や，気泡が壁と接触している場合は，周囲の流れ場が乱れたり，気泡の運動が制限されるため，非球形に振動することになる．その場合，収縮時に**マイクロジェット**と呼ばれる高速な水流が発生し，壊食の原因の1つとなることが知られている．図2・94は，ゲル表面に付着した気泡の非球形振動を観察した一例である．超音波の照射により気泡にくびれが現れ，2つに分裂するときにマイクロジェットが発生している様子が分かる．さらに，分裂した気泡が再び合体するといった複雑な振動の様子が分かる．

図 2・94　ゲル表面での気泡の複雑な非球形振動

2.6 超音波のパワー

(iii) 熱音響現象

　熱音響現象は，音波の伝搬と熱交換が結びついた特殊な現象である．通常，音波が空間を伝搬する際には，熱の移動は伴わない．これは，音波が生じる膨張と圧縮が非常に短時間で行われるため，周囲との熱のやり取りがほとんど起こらない断熱状態だからである．しかし，特定の条件下では，音波と熱の間に相互作用が生じることがある．例えば，図2・95は音波により熱交換を生じさせる強制駆動方式の直管型熱音響ヒートポンプである．ヒートポンプは，熱を移動させるシステムのことなので，熱音響ヒートポンプは音波を用いて熱を移動させるシステムということになる．図のように，直管の左端にスピーカを接続，もう一端を閉端とし，管の途中にスタックと呼ばれる細い管を束ねたような構造体を挿入する．スピーカから管と共鳴する音波を出すと，スタック壁と空気との間で熱交換が発生し，音波の伝搬方向に沿ってスタック内に温度勾配が生じる．

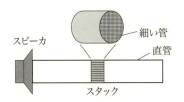

図2・95　強制駆動方式の直管型熱音響ヒートポンプ

　熱音響現象の熱交換サイクルを図2・96を用いて詳しく説明しよう．直管が共鳴している状態では，図のように音圧と粒子変位が変化している．この状態で，媒質である空気とスタック壁の間の熱交換を考える．図中の (a)～(e) は，スタックの流路の1つを拡大したもので，粒子 (☞2.2(i)) の動きと，スタック壁との熱交換の関係

2 超音波の基礎

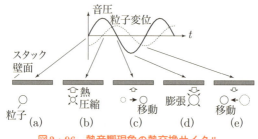

図 2・96 熱音響現象の熱交換サイクル

を音波の1周期の各状態に対応して示している．まず，初期状態（a）から音圧が徐々に大きくなると，粒子は圧縮されて温度が上昇し，粒子と壁の温度差により温度の高い粒子から壁に熱が移動する（図（b））．つぎに，音圧が減少するのに伴い，粒子は膨張しながら右方向へ移動するが，壁は熱音響現象によって右に行くほど温度が低くなっているため，粒子の移動中も粒子から壁にさらに熱が移動する（図（c））．音圧が負の最大になるときには，粒子は膨張するため温度が下がり，壁から粒子に熱が移動する（図（d））．最後は，音圧が増加するのに伴い，粒子は圧縮しながら左方向へ移動し，（a）の初期状態に戻る．これを，音波の周期ごとに繰り返すと，スタックの左側が高温，右側が低温になるため，熱が右から左に移動したことになる．スタックの1つの流路における熱移動は非常に小さいが，多数のスタック流路内で同時並行に，また1秒間に音波の周波数の回数だけ熱移動が生じるため，全体での熱の移動は大きくなる．

逆に，流体内に急激な温度勾配がある場合，この温度差が音波を生じさせる現象もある．これらの熱音響現象は，音波と熱が相互に変換可能であることを示しており，熱音響現象により音波を利用して熱を制御する，またはその逆を行うことが可能となる．

3.1 信号的な応用

超音波の応用

　超音波は，気体，液体，固体を問わず，あらゆる媒質中を伝わる．物質があれば，そこには超音波が関係すると言っても過言ではない．したがって，超音波の応用も極めて広い分野にわたる．

　超音波の応用には，3つの側面があるとよくいわれる．1つ目は，信号的な側面である．超音波が媒質中を伝搬するときに媒質から受ける影響を検出して媒質の形状や状態などの情報を得る，あるいは超音波を用いて情報を伝えるという応用である．2つ目は，動力的な側面である．超音波のもつ物理的なエネルギーを利用して，物体を動かしたり，加工したり，化学反応を起こさせたりする応用である．3つ目は，機能的な側面である．これは，1つ目の信号的な側面の一部とも考えられるが，超音波の性質をうまく利用すると，発振器やフィルタ，センサなど機能的なデバイスをコンパクトに実現できる．本章では，これら3つの側面について超音波の応用を解説する．

3.1 信号的な応用

　超音波の信号的な応用の多くは，パルスエコー法を用いている．また，超音波が媒質を伝搬する際に，媒質の物理的な状態（温度や圧力，流速など）の影響を受け伝搬の様子が変化する．この変化を検出して，媒質の状態を推定する手法も超音波の信号的な応用の1つである．さらに，超音波を電波のように変調して，情報を伝送すると

3　超音波の応用

いう応用も主に海中で重要である．これらは，超音波の波としての性質を利用するもので，その物理的なエネルギーは理論的には必要としない．ただし，実際にはノイズとの兼ね合いで，情報を正確に検出・伝送するにはある程度のパワーは必要である．ここでは，超音波の信号的な応用のいくつかを紹介する．

(i) 空中超音波の信号的な応用

(1) 物体検知，距離測定

　空中超音波の信号的な応用も，多くはパルスエコー法である．例えば，最も単純なパルスエコー法の応用に，自動ドアなどの物体検知がある．図3・1のように，ドアの上部に超音波センサ（空気中で超音波の送信と受信を兼ねるトランスデューサを超音波センサと呼ぶことが多い）を設置し，パルスを一定の時間間隔で放射している．人がいない場合は，床からの反射パルスのみが受信されるが，人が近づくと人からの反射パルスが床からよりも早く返ってくるため，それを計測することで人の存在を検知している．同様な原理で，反射パルスの

図3・1　自動ドアの物体検知

返ってくる時間から物体までの距離を推定する応用としてレベル計や積雪計も開発されている（図3・2）．屋外での使用の場合には，密閉型超音波センサが使用されるが，近年，用途が拡大しているのは，駐車支援システム（PAS）や先進運転支援システム（ADAS）などの自動車への応用である．

また，パルスエコー法とは異なる応用として，透過超音波の応用もある．スキャナなどの紙送り機構での重送（紙が2枚同時に給紙すること）検知などに応用されており，図3・3のように紙が1枚のときは，透過超音波の振幅は大きいが，2枚のときは間に空気層があるため超音波の減衰が大きく，透過超音波の振幅が著しく小さくなることを利用している．

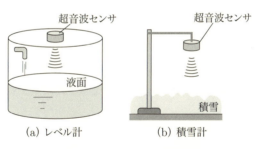

図3・2 レベル計，積雪計

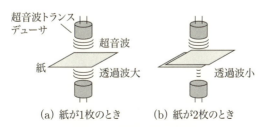

図3・3 重送検知の原理

3 超音波の応用

(2) パラメトリックスピーカ

2.5(iii)(2)で説明したパラメトリックアレーを利用したのが，パラメトリックスピーカと呼ばれる超指向性スピーカである．パラメトリックスピーカでは，開放型超音波センサを数10〜数100個平面上に並べ，約40 kHzの大振幅超音波を放射する．超音波を可聴周波数の信号でAM方式などにより変調をすれば，非線形現象により差音である可聴音が空間で生成されることになる．差音は，超音波が存在する空間で徐々に発生・加算されるため，微小なスピーカが空間にアレー状に並べられたのと等価な性質を持つことから，差音が低い周波数であっても鋭い指向性となる（図3・4）．したがって，その特性を生かすためには，超音波が減衰しきって差音のみが伝わるような遠距離で使用する必要がある．近距離での使用例も報告されているが，これは超音波暴露の問題とともに，パラメトリックスピーカの特性上でも疑問が残る．また，同様に2つの超音波を交差させて，交差領域のみで差音を発生させる試みもあるが，差音の発生領域が狭くなるので，このような試みは物理的にほとんどできない．

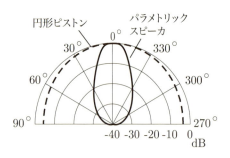

図3・4　通常のスピーカ（半径10 cmの円形ピストン音源）と
パラメトリックスピーカの指向性比較（1 kHz）

3.1 信号的な応用

> **コラム　パラメトリックスピーカと擬音(ぎおん)**
>
> パラメトリックスピーカは，低い周波数で鋭い指向性をもつため，夢の技術として多くの研究者を惹きつけてきた．しかしながら，一般に広く普及していないのには2つの理由がある．1つは効率の問題で，もう1つは音質の問題である．パラメトリックスピーカは，非線形現象という2次的な効果を利用しているため非常に変換効率が低い．したがって，十分な音量を得るためには強力な超音波が必要になり，超音波暴露が問題となる．また，周波数特性が周波数の2乗に比例するため，低音がほとんど出ない．イコライザなどで補正しても，低域は物理的に出ないので，結局は高域を抑えることになり，全体的に小さな音量になってしまう．ときどき，低域までフラットで大きな音量を実現したという報告があるが，これはマイクロホンや測定回路の非線形性によって生じている電子的な信号を観測しているのであって，音波として物理的に存在はしていない．このような差音のように見える電子的な信号を擬音といい，これを排除するのはかなり工夫が必要である．

(ii) 水中超音波の信号的な応用

音響分野で，水中というと海中を指す場合が多い．地球最後のフロンティアと呼ばれている深海はもちろんのこと，人間活動が盛んな浅海，沿岸域においても，水中を調べる（探査する）手段は限られている．ここでは，海の探査を支えている技術として欠かすことができない水中音響技術を中心に紹介する．

(1) 水中通信

我々が普段利用しているスマートフォンなどに代表されるように，陸上においては通信に電波がよく利用されている．一方，水中においては電波ではなく，主に音波が利用されている．これは，水中で

3 超音波の応用

は電波の減衰が大きいのに対して（有効伝搬距離は 10 m 以下），音波は減衰が小さい（同距離は数 km 以下）ため，水中では音波が情報を遠くまで伝えるための唯一の手段であるからである．レアメタルを含む海底資源の探査や生物分布の把握など，水中の仕事は多岐にわたるが，最近ではそれらの仕事の一部を図 3・5 のように海中ロボットに任せることが多くなっている．この海中ロボットに「止まれ」や「進め」，「詳しく観測せよ」といった指令を伝えたり，海中ロボットから今の状況を伝える際には水中通信が必要不可欠であるため，今後ますますその技術の重要性は増すものと考えられる．

それでは，どのようにして水中通信を行っているのだろうか．目的とする情報を伝送するために，変調を用いている．変調とは，音波（キャリア）に情報（信号）をのせて相手に伝送することである．変調の方式には，AM / FM 変調といったアナログ変調方式やデジタル変調方式などがあるが，ここではデジタル変調方式のうち，振幅変調方式と位相変調方式について説明する．伝えたい情報がデジタルで表現されているとき，図 3・6 のように，デジタルの値（0 または 1）に応じて振幅を変化させるのが振幅変調方式であり，位相を変化

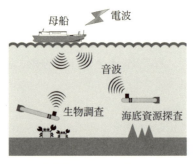

図 3・5　水中音響通信を利用して海中ロボットが働く様子

3.1　信号的な応用

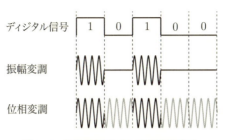

図3・6　振幅変調方式と位相変調方式

させるのが位相変調方式である．このように，変調した音響信号を送信先と受信先の間で送受信し，受信側で復調することで元のデジタル信号を取り出し，通信を行う．水中通信では，伝搬距離や送信先と受信先の位置関係，移動，海況などの状況によって波形が変化し，通信品質が大きく変動するため，用途に応じて適切な通信方式を選択することが重要となる．

(2) ソーナー

ソーナー（Sound Navigation Ranging: SONAR）は，音波を用いて対象とする物体の情報（位置，大きさ，形，材質など）を取得する技術，あるいは装置である．パルスエコー法の一種であるが，特に海中探査に用いる場合，ソーナーと呼ぶ．ソーナーは，光や電波が届きにくい水中において必要不可欠な技術であり，有名なタイタニック号沈没事故以降，その技術開発が他分野に先行して進められた経緯があり，各種の超音波応用技術の原点ともいわれる．図3・7のように自ら音波を発し，探査対象からの反射音を利用するアクティブ方式と，生物の鳴き声などの自然界に存在する音波，あるいは人工物から機械的に発生している音波などを利用するパッシブ方式がある．ソーナーの用途によって使用する周波数は様々であり，地層探査で

3 超音波の応用

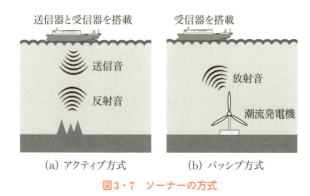

(a) アクティブ方式　　(b) パッシブ方式

図3・7　ソーナーの方式

用いられる数 Hz 程度から，音響ビデオカメラなどの高解像度の音響画像装置機で用いられる MHz 帯域まで幅広い．近年のソーナーは，信号処理技術の発達により，解像度が高く，高品質のデータが得られるようになっている．深海の海底熱水鉱床における熱水噴出孔や浅海の魚類の音響画像例を図3・8に示す．

(a) 熱水噴出孔　　(b) ゲンゴロウブナ

図3・8　ソーナーの音響画像例

3.1 信号的な応用

> **コラム　ソナーとソーナー**
>
> 音波を使って探知する SONAR を第1章ではソナー，本章ではソーナーと表記した．これは，使用用途により呼び方が異なるからである．一般に，民生使用の場合はソナー，水中使用（特に海上自衛隊）ではソーナーが公式用語となっている．海洋音響学会でもソーナーが正式用語なので，本書では水中使用の場合にソーナー，その他の場合にソナーと表記している．

(3) 魚群探知機

魚群探知機は，釣りなどのレジャー目的で利用されるものから，魚類の資源量の調査に用いられるものまで様々な種類がある．特に，後者を計量魚群探知機と呼ぶ．計量魚群探知機は，アクティブソーナーの一種であり，魚からのエコーを捉えることで情報を得る．魚からのエコーには，図3・9のように，1つの個体からのエコーである単体エコーと魚群からのエコーである群体エコーがあり，それぞれエコー強度が異なる．エコー強度を表す指標をターゲットストレ

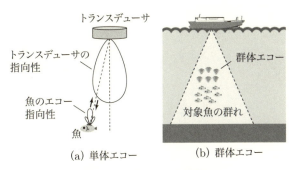

図3・9　単体エコーと群体エコー

3 超音波の応用

ングス(TS)と呼ぶ.単体エコーの場合,TS は魚種や体長,遊泳姿勢,うきぶくろの有無などによって異なる.特に,うきぶくろは内部が気体で満たされているため,音響インピーダンスが魚の軟組織と大きく異なり,反射特性に大きな影響を与える.一方,群体エコーの強さである体積後方散乱強度(SV)は,ある時間に到達する単体エコーの重ね合わせによって得られ,SV と TS が分かれば,資源量を推定することができる.

(4) 音響トモグラフィ

海水温の上昇に代表されるように,海洋環境への関心は高まるばかりである.音響トモグラフィは,対象とする海域を囲むようにして複数の送受波器を設置し,その間の音波の伝搬時間を計測することで,その対象海域内の水温や流速を推定するための技術である.あるタイミングにおいて,水温や流速を広範囲に推定可能であるという特長をもっている.その概念図を図3・10に示す.例えば,2点 A, B に設置された計測システム間について,A から送波された音波が B に到達した時刻と,B から送波された音波が A に到達した時刻から求めた伝搬時間の和と差を基に,A-B 間の音速の変動成分

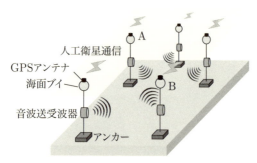

図3・10 海洋音響トモグラフィの概念図

や流速を求める．複数個の送受波器を用いて，全体としてより複雑なネットワークを構成し，100 km オーダーの比較的広範な中規模渦から，浅海域の音速や流速構造の推定に用いられている．

(5) 流速測定

配管内を流れる液体の流速や流量を計測するのにも超音波が利用されている．流速の測定方式には，伝搬時間差方式とパルスドップラー方式がある．伝搬時間差方式は，図3・11(a)のように配管の外側にくさび型トランスデューサを配管を挟むように取り付け，それぞれのトランスデューサから斜めに放射された超音波パルスの伝搬時間を計測する．液体が流れていると，超音波の伝搬方向によって伝搬時間が変化するので，伝搬時間から流速が計測できる．一方，パルスドップラー方式は，図(b)のように片側のくさび型トランスデューサから斜めに液体中にパルスを放射し，液体に含まれる気泡などの反射体からのエコーをもとにドップラーシフト周波数を求め，流速を計測する．パルスドップラー法は，配管を血管，気泡を赤血球と考えることで，医用診断装置の血流測定にも応用されている．

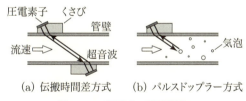

図3・11　配管内の流速測定

(iii) 生体中超音波の信号的な応用

生体中を伝搬する超音波の信号的な応用は，医用超音波として非常に重要な分野である．生体組織は，ほとんどが水と同じ音響的性

3 超音波の応用

質を持っているので,生体内の超音波技術には水中超音波の技術が利用できる.医用超音波技術の代表的なものには,医療画像診断がある.基本はパルスエコー法であり,体の中の臓器の形を診る技術である.超音波を用いることで,脳や肺などの臓器を除いてほぼ全ての臓器を安全かつリアルタイムに観察することができる.

(1) 超音波診断装置

パルスエコー法を用いた超音波診断装置では,エコー信号をわかりやすく表示するためにA(Amplitude)モード,B(Brightness)モード,M(Motion)モードなどがある.ここでは,超音波診断装置で標準的に使用されるBモードについて説明する.まず,図3・12(a)のように細い超音波ビームを放射し,エコー信号を受信・検波する.検波されたエコー強度を波形として表示したものがAモードである.一方で,Aモードでは一回の送受信で観察できる範囲が限定されることから,視野を広くするために超音波ビームの送信方向をずらしながら(走査),超音波パルスの送受信を繰り返す.送信ごとのエコー強度のデータは走査線と呼ばれ,走査終了後に全走査線デー

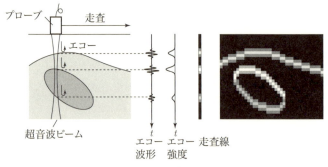

(a) 超音波ビームと反射　(b) Aモード　(c) Bモード断層像

図3・12　Bモード画像の作成原理

タを輝度変化として合成することで一枚のBモード断層像を作成することができる．Bモード断層像の分解能は，音波が進む方向（奥行き方向）は超音波パルスの長さで決まり，超音波ビームと直交する方向（走査方向）はビームの細さ（半値幅）で決まる．

これまでの説明では，簡単のために明確なエコー源が存在する場合を例に原理を説明した．しかしながら，実際の生体組織は複雑な構造を持っており，反射・散乱・屈折・回折など様々な現象が起こっている．そこで，実際の生体組織をBモードで観察した一例を紹介しよう．図3・13(a), (b)は，標準的な超音波診断装置とプローブである．プローブは，超音波トランスデューサのことであるが，画像を得るためにビームの走査も行えるようになっている．一般には，図3・12のように直線的にビームを走査するリニア走査ではなく，扇形にビームの方向を変化させるコンベックス走査やセクタ走査が用いられる．図3・13(c)は胎児の観察結果である．子宮内の胎児の様子が明瞭に観察できる．組織の境界が明瞭な部分（羊水と組織の境界）や骨の部分では大きなエコーが観察されている．一方，

      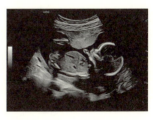

(a) 超音波診断装置　(b) プローブ　(c) 胎児のBモード断層像

図3・13　超音波診断装置と胎児のBモード断層像例
（画像提供：GEヘルスケア・ジャパン株式会社）

3 超音波の応用

軟らかい生体組織中は輝度が低い領域となっている．組織中の小さい構造物や物性の違いにより散乱された音波は，組織の境界において反射されたエコーよりも小さいため，低輝度部位として表示される．子宮内の輝度が低い領域（羊水）は，散乱体が存在しない部分である．血管も血球からのエコーが非常に弱いため，このような無エコー領域となる．

(2) カラードップラー（カラードプラ）法

パルスドップラー法は，超音波ビームを放射した位置における特定部位の血流速度を測定する方法であるため，血流の分布は観察できない．そこで，自己相関法を用いてBモード画像上に血流速度分布をカラーで重ねて表示するカラードップラー法が開発された．パルスドップラー法のように，ドップラー信号のスペクトルで速度を表示するのではなく，スペクトルの平均値と分散から速度の方向，速さなどをカラーで表示する．一般に，プローブに近づく速度を赤などの暖色系，遠ざかる速度を青などの寒色系で表示する．高速化のためフーリエ変換によるスペクトル計算ではなく，自己相関法が用いられる．これにより，1つの走査線上のすべての血流分布を，原理的には2回の超音波パルス照射で数 ms で求めることができる．図3・14はカラードップラー法により頸動脈の血流を観察した画像例である．

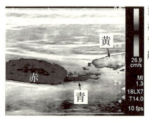

図3・14　カラードップラー法による画像例

3.1 信号的な応用

(3) 骨粗鬆症診断

骨は様々な形状をしているが，その外周を取り巻く皮質（緻密）骨の内部には，粘性の高い液体（骨髄）で満たされた網目構造の海綿骨がある．骨粗鬆症になると，皮質骨が薄くなるとともに海綿骨の網目が粗くなる．近年は，骨粗鬆症によるこのような骨の変化に着目した超音波診断手法の開発も行われている．例えば，図3・15のように，脛骨や橈骨など長い骨の皮質骨を長手方向に伝わるラム波（薄板を伝わる波）の速度から，皮質骨厚さや弾性を推定する方法（Axial Transmission法）が開発されている．

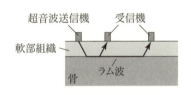
(a) Axial Transmission 法

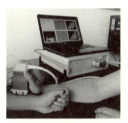
(b) ソルボンヌ大学の診断装置
（画像提供：Valparaiso大学 Jean-Gabriel Minonzio教授）

図3・15　Axial Transmission 法と骨粗鬆症診断装置

骨粗鬆症の初期から構造変化が現れる海綿骨の評価も重要である．主に海綿骨の固体部分（骨梁）を伝わる縦波と，液体部分（骨髄）を伝わる縦波の伝搬速度が異なることを利用した超音波二波法（図3・16）や，海綿骨内で散乱した超音波を計測する手法など，骨構造の特徴を生かした臨床評価装置が開発されつつある．

また，HIFUなどを用いた軟組織への治療と同様に，骨に対しても診断から治療へと超音波技術が適用されつつある．低強度の超音

3 超音波の応用

(中央のウォーターバッグの隙間に手首を入れる)

図3・16 超音波二波法による橈骨評価装置
(応用電機株式会社,株式会社堀場製作所,同志社大学)

波による骨折治療は,すでに整形外科で保険治療として行われており,難治性骨折の治癒や,骨折治癒期間の短縮など,その有効性が確認されている.しかし,興味深いことに高周波の超音波の物理刺激がどのように細胞に影響を与えるのか,その初期のメカニズムはまだ明らかにされていない.電磁気的刺激によっても骨癒合(ゆごう)(くっついてつながること)が促進されることから,骨の圧電性の影響も考えられるが,今後の研究が待たれる.

(4) 光超音波イメージング

光超音波を用いた画像化技術も開発されている.光超音波の大きさやパルスの時間幅は,光の特性以外にも媒質の熱伝導率や熱拡散率,密度などで決まる.媒質が生体の場合,生体組織の光吸収体(ヘモグロビンなど)により熱膨張が起きて超音波が発生する.赤外光を用いると,レーザパルスは生体内に侵入できるので,生体中の光吸収体で超音波に変換される.この音波を計測することで,生体内の超音波の発生位置や吸収されたパルスのエネルギーなどを推定することができる.医用超音波用のプローブなどを利用して,この光音響信号を計測し,画像化することも可能である.このような技術は光超音波イメージングと呼ばれており,図3・17のように3次元で

3.1 信号的な応用

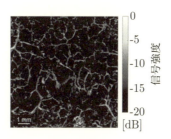

図3・17 光超音波イメージングによるヒトの前腕内側の皮膚微小血管
(画像提供：東北大学大学院医工学研究科 西條芳文教授，鈴木 陸氏)

様々な生体組織のイメージングにも用いられている．

(iv) 固体中超音波の信号的な応用

固体中超音波の信号的な応用の主なものは，<u>非破壊検査</u>である．非破壊検査は，物を壊すことなく表面や内部の欠陥や劣化の状況を調べる検査技術である．原子力発電所からプラント，ビルや橋など社会インフラの予防保全に重要な役割を担っている．音波を用いた非破壊検査は，<u>超音波探傷</u>とも呼ばれる．ここでは，超音波探傷と超音波顕微鏡について説明する．

(1) 超音波探傷

超音波探傷もパルスエコー法の一種である．主に，図3・18のよ

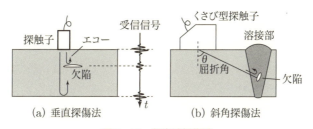

図3・18 超音波探傷法

3 超音波の応用

うに垂直探傷法と斜角探傷法に分けられる．垂直探傷法では，図（a）のように欠陥のない健全部では，超音波パルスは表面と裏面で反射されるが，内部に欠陥がある場合は，表面と裏面からのエコーの間に欠陥からのエコーが現れる．欠陥の大きさは，欠陥エコーの振幅により推定される．斜角探傷法は，図（b）のようにくさび形振動子を表面に取り付け，斜め方向に超音波パルスを放射する．主に真上から超音波を入射できない溶接部の欠陥を調べるのに使用される．

ガイド波も探傷に用いられることがある．ガイド波は，板や円筒管を長手方向に伝搬する超音波の総称として，非破壊検査で使われることが多い．境界面に沿って伝搬する波動や表面波も含まれる．図3・19は，ガイド波を用いた探傷の原理図である．ガイド波を励振するために，EMATを使用することが多い．EMATでガイド波の一種であるSH波を励振すると，SH波は長手方向に伝わっていく．もし，伝搬の途中に減肉などの欠陥があれば，そこでSH波は反射されるため，エコー信号により欠陥を探傷できる．

図3・19　ガイド波による超音波探傷法

他の非破壊検査法として，アコースティック・エミッション（AE）がある．AEは，材料が変形あるいは破壊する際に，内部に蓄えていた弾性エネルギーを音波（弾性波，AE波）として放出する現象である．ちょうど木が折れるときに聞こえるミシッという音といえば分かりやすいだろう．広い意味では地震もAEの一種と考えられる．AEを非破壊検査で利用するには，図3・20のように固体材料に加重

3.1 信号的な応用

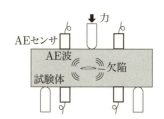

図 3・20　AE法による非破壊検査

を掛け，材料表面に設置した AE センサ（圧電センサ）によって AE 波を検出する．AE 波は，主として数 10 kHz ～ 数 MHz の信号を対象としている．材料内部に欠陥がなければ，ほとんど AE 波は発生しないのに対し，小さな変形や微小クラックなどの欠陥があると AE 波が発生するので，材料や構造物の欠陥や破壊を発見することができる．また，AE 法は稼働中の設備を連続的に監視することができ，AE 波が観測されれば異常が起こったという判定もできる．

(2) 超音波顕微鏡

光の代わりに超音波を使う顕微鏡に<u>超音波顕微鏡</u>がある．超音波顕微鏡は，図 3・21(a) のようにサファイアなどでできた音響レンズに圧電振動子を付けた構造をもち，圧電振動子から放射された 100 MHz ～ 数 GHz の超音波を音響レンズで試料表面に集束すること

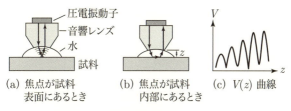

図 3・21　超音波顕微鏡と $V(z)$ 曲線

で高分解能を実現している．超音波を効率よく試料に照射するために，音響レンズと試料の間には音響結合層（カップラ）として純水などを注入する．試料をx-y面内で走査させて，試料表面からの反射強度を画像にすると光学画像とは異なる音響（機械）的な特性を画像化できる．焦点を試料表面ではなく，少し内部に入ったところに変えると，図(b)のように超音波が試料表面で表面弾性波に変換され，試料表面を伝わった後，再び放射されて戻っていくようになる．これと，図(a)のような試料表面で直接反射する超音波とが干渉することで，垂直位置zによって，出力信号(V)に強弱が生じる．これをグラフにしたものが$V(z)$曲線で，一定の周期で強弱が繰り返される（図(c)）．この周期から表面弾性波の速度が分かり，試料の弾性係数などの物性値が推定できる．

3.2 動力的な応用

超音波の動力的な応用では，超音波のもつ音響エネルギーを運動エネルギーや熱エネルギーに変換して利用することが多い．超音波加工に代表されるように工業的に広く実用化されているものも多く，産業界にとって欠くことのできない技術となっている．ここでは，超音波の動力的な応用のいくつかを紹介する．

(i) 空中超音波のエネルギー的応用

空中での超音波の動力的な応用として，2.4(i)(4)で述べたような振動子を用いて空中へ強力な超音波を放射することで，凝集，分散，浮揚，吸着などの現象を引き起こすものがある．

(1) 超音波集塵，クリーナー

図3・22は超音波を用いた集塵装置である．気体中に浮遊している微粒子に超音波を照射することによって，微粒子同士の衝突を頻

3.2 動力的な応用

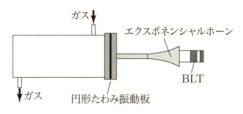

図 3・22 超音波集塵装置

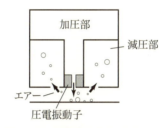

図 3・23 超音波ドライクリーナー

繁に起こし，凝集を促進させることで粒子径を大きくする．この装置をフィルタやサイクロンなどの標準的な捕集装置の前に付けておけば，集塵効率を向上させることができる．また，図 3・23 は超音波ドライクリーナーの例である．加圧部から高速のエアーを基板やフィルムなどの被洗浄物に吹き付ける際に超音波を照射し，付着したゴミやホコリを空中に浮遊させ減圧部に吸い込むという機構である．超音波の高音圧により，ゴミやホコリを剥がれやすくし，非接触での洗浄を可能にしている．

(2) 超音波マニピュレーション

超音波の音響放射圧を利用した技術に**超音波マニピュレーション**がある．2.5(ⅲ)(3)で述べたように，定在波を発生させておき，定在波中に超音波の波長に比べて十分小さい物体を挿入すると，音響放

3 超音波の応用

射力により定在波の音圧の節の位置に引き寄せられて捕捉される（図2・85）．物体に働く重力に比べて鉛直方向に作用する音響放射力が大きい場合，物体は空中に静止したまま浮揚する．このとき定在波の位置を移動させると，物体は浮揚したまま非接触で空中搬送される．これが超音波マニピュレーションである．使用する周波数は，空気中であれば 20～100 kHz 程度の周波数を用いることが多い．対象の物体は，固体のみならず液体にも適用することができ，定在波中では液滴として搬送することができる．そのため，化学分野への応用を想定した液体の非接触ハンドリング技術が開発されている．また，空中超音波トランスデューサを半球型にアレイ状に配置し，超音波を集束させた上で位相制御を行うことで，物体をピンセットのようにつまんで移動させる音響ピンセットも開発されている．このような超音波による音響放射力は，人の手などでも感じることができるため，超音波ハプティクス（空中触覚提示）として仮想現実（VR）技術などへの応用も検討されている．

(3) 熱音響システム

熱音響現象の応用としては，熱音響冷却システムと熱音響発電が

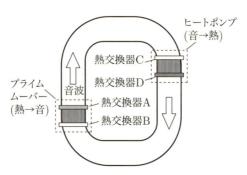

図3・24　ループ管を用いた熱音響冷却システム

ある．図3・24は，ループ管を用いた熱音響冷却システムの一例である．サイズは高さ約 1 m，幅約 0.5 m，全長約 3 m である．プライムムーバーは，熱エネルギーを音響エネルギーに変換するデバイスで，2つの熱交換器とスタックから構成される．熱交換器 A で外部からの熱エネルギーを取り込み，熱交換器 B では循環水などでシステムの基準温度を設定しておくとスタック内に温度勾配が形成され，熱音響現象によりループ管内に強い音波が発生する．一方，ヒートポンプは，音響エネルギーを熱エネルギーに変換するデバイスで，プライムムーバーと同様に熱交換器とスタックから構成される．ヒートポンプの熱交換器 C を循環水により基準温度に設定しておくと，熱音響現象によりヒートポンプのスタック内に発生する温度勾配により，冷却部（熱交換器 D）に蓄えられた熱が取り除かれる．このシステムは，冷却のための新たな駆動エネルギー源が不要であり，廃熱などの熱源を利用することができるため，環境に優しく，コスト効率の良い冷却手法として期待されている．また，ループ管は可動部がなく，冷媒が不要で安価な構成が可能など，既存の冷却システムにはない多くの利点を有している．

熱音響発電は，熱音響現象を利用して熱エネルギーを音響エネルギーに変換し，さらに音響エネルギーを電気エネルギーに変換する技術で，太陽熱や地熱，産業廃熱など様々な熱源を利用して電力を生み出すことができる．熱音響発電は，新しい再生可能エネルギー源としての潜在力を持ち，環境に優しいエネルギー生産に貢献することが期待されている．

(ii) 水中超音波のエネルギー的応用

(1) 超音波洗浄

超音波洗浄は，図3・25のように水や洗浄液中に強力な超音波を

3 超音波の応用

図3・25 超音波洗浄装置

放射し,被洗浄物に付着した微細なチリや汚れなどを洗浄する技術である.メガネやアクセサリーの洗浄などの民生用から部品や半導体の洗浄などの産業用まで幅広く利用されている.超音波洗浄は,超音波による振動加速度,音響流,およびキャビテーションによる気泡崩壊が相乗的に作用していると考えられている.振動加速度は,超音波の加速度によって被洗浄物表面の汚れを剥がす効果がある.加速度は,周波数の2乗に比例して大きくなり,数 100 kHz 〜 数 MHz で効果が顕著となる.音響流は,その流れによって表面の汚れを剥ぎ取る効果があり,直進流は高周波ほど発生しやすくなる.キャビテーションは,気泡が圧壊するときの衝撃波で表面の汚れを除去する.低周波(数 10 kHz 〜 100 kHz)ほど低い強度でキャビテーションが発生する.特に,キャビテーションが超音波洗浄の最も重要な役割を果たしていると言われているが,被洗浄物へのダメージも与えやすい.

(2) 超音波霧化,分散

強力超音波を用いることにより,非常に細かい霧を発生することもできる(超音波霧化).図3・26のように,水中から液面に向かって強力な超音波を照射すると,照射位置の液面が盛り上がって上下に振動する.超音波をさらに強くすると,液面に表面波(キャピラリ

3.2 動力的な応用

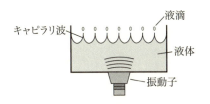

図3・26 超音波霧化装置

波）が生じ，それに伴い液柱が発生，液柱の先端が砕けて大量の液滴が気体中に飛び散ることで，液体が霧化される．超音波の周波数が高いほど小さい液滴が発生し，MHz 帯域の周波数の場合，数 μm の粒径となる．超音波霧化は小電力で実現でき，液体の温度を上昇させずに効率的に液体表面のみを霧化できることから，加湿器に加え，美顔スチーマーや薬剤の噴霧器などにも用いられる．また，混合溶液を超音波で霧化すると，物質を分離・精製・濃縮することもでき，例えばアルコール水溶液から加熱による分留を用いることなく，非加熱でアルコールと水に分離することもできる．

液体中に強力な超音波を放射することでキャビテーションを発生させ，それが圧壊するときの衝撃力で分散・乳化などを起こすことができる（超音波ホモジナイザー）．超音波による分散では，0.1 μm 以下の分散能力がある．例えば，水と油が入った容器に強力な超音波を照射すると短時間で乳化され，乳化した液体は長時間分離しないため，マヨネーズやクリームなどの製造に用いられている．

(3) 強力集束超音波（HIFU）

超音波を1点に集束させると，焦点付近で強力な超音波（強力集束超音波：HIFU）を得ることができ，医用分野で盛んに応用されている．強力集束超音波の治療への適用には，加熱作用を用いるものと

3 超音波の応用

機械作用を用いるものがある．加熱作用を用いた治療法は，生体組織に強力集束超音波を照射することで組織の超音波吸収による温度上昇を生じさせ，組織を壊死させて切らずに治療するものである．この治療法には，超音波の照射時間が数秒と短い加熱凝固法と，数10分程度のハイパーサミアがある．加熱凝固法は，図 3・27 (a) のように球面形状の超音波照射装置から周波数 1 〜 数 MHz，強度 1 kW/cm^2 程度，音圧数 MPa 程度の集束超音波を発生させる．超音波の強度は図 (b) のように焦点のみで非常に高くなるため，焦点では温度が 60 °C 以上に上昇することで，タンパク質が変性して治療できる．一方で，焦点領域以外では，温度がわずかにしか上昇しないため正常細胞は基本的に影響を受けない．このため，HIFU 治療は原理的に副作用がなく，繰り返し治療が可能という特長がある．また，超音波の熱作用を積極的に応用するものとして，超音波ハイパーサミア (がん温熱療法) が開発されており，局所的に超音波を集中させることで発生した熱によりがん細胞の死滅を促進させる．

強力集束超音波の機械作用を用いたものに体外衝撃波結石破砕 (ESWL) がある．これは，衝撃波を体の外から結石に向けて照射し，筋肉や他の臓器を傷つけることなく，結石のみを細かく破砕する技

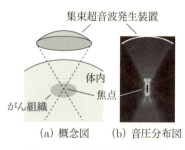

(a) 概念図　(b) 音圧分布図

図 3・27　強力集束超音波治療

3.2 動力的な応用

術である．衝撃波の発生方法として，電極放電方式や電磁誘導方式，圧電方式などがある．電極放電方式の場合，図3・28のように楕円体の1つの焦点で電極放電により衝撃波を発生させると，もう1つの焦点で衝撃波が集束される．焦点では，音圧が 10 ～ 100 MPa，パルス幅が約 0.2 μs の衝撃波となり，30分 ～ 1時間の間に 1 000回 ～ 4 000 回程度照射することで，その機械作用により結石を破砕する．

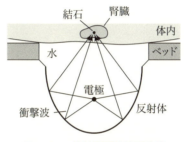

図3・28　体外衝撃波結石破砕

> **コラム　美容HIFUのリスク**
>
> 　近年，小型で安価なHIFU照射装置が開発され，誰もが手軽に使えるようになってきたことを背景に，HIFUは美容にも用いられている．例えば，HIFUの加熱作用で皮膚内のコラーゲンや線維芽細胞などを新生・活性化することで，しわを引き上げるリフトアップなどであるが，医師免許を持たないエステティックサロンなどで施術を受けたことで，火傷や神経・血管の破損などのトラブルが急増している．このようなトラブルは，音響パワーや照射時間を適切にコントロールできないために生じている．HIFUを美容へ応用する際の安全基準は確立されておらず，法整備も追いついていないため，国内では医療機器として認可された美容用のHIFU照射機器はないのが現状である（2023

3 超音波の応用

年時点).そこへ,海外製の機器が輸入され,専門知識がない人が施術することで被害が拡大している.これを受けてエステティック業界の主要団体では,自主基準によりHIFU施術を禁止している.

超音波診断装置では,超音波の生体に対する安全指標は,単位面積当たりを単位時間に通過する音響パワーで定められており,アメリカ食品医薬品局(FDA)では,超音波が生体作用を生じさせない許容値として 720 mW/cm² を定めている.HIFUは,これよりも桁違いに大きなパワーで生体組織に影響を与えるため,専門知識に基づく適切な運用がいかに重要かが分かる.

(4) 可変焦点レンズ

水中での音響放射力を利用したものに可変焦点レンズが研究されている.図3・29は,超音波可変焦点レンズの原理図である.レンズの中は,屈折率が異なる水とシリコーンオイルで満たされており,その周囲にリング型の圧電振動子が取り付けられている.圧電振動子に入力電圧を加えると,レンズ内に向かって超音波が放射され,水とオイルの界面に音響放射力が作用してその形状が変化する.入力信号がない場合は凹レンズとなって透過光は発散するが,入力電

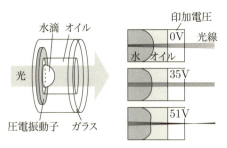

図3・29 超音波可変焦点レンズ

圧の増加と共にレンズは徐々に凸レンズとなって透過光は集束する．したがって，入力電圧によって焦点位置を調整できる可変焦点レンズとして動作することになる．現在のスマートフォン等に搭載されているカメラモジュールは，焦点を移動させるためにアクチュエータが必要となるが，このレンズは機械的な移動が必要なく，薄型化とともに速い応答速度で焦点位置を制御できるというメリットがある．いわばヒトが目の水晶体を周囲の筋肉で引っ張ることで，焦点距離を制御していることと同じである．

(iii) 固体中超音波のエネルギー的応用

固体中超音波の応用の中でも工業的に普及しているのは，超音波加工であろう．文字通り超音波のパワーを利用して様々なものを加工する技術である．また，アクチュエータへの応用も盛んである．アクチュエータは，電気エネルギーなどを機械的な動きに変換する駆動装置をいう．一般的には電磁力を用いるものが多いが，コイルや磁石の使用によりある程度の大きさが必要となる．一方，超音波アクチュエータを用いると小型で応答速度の速いものができる．ここでは，超音波加工と超音波アクチュエータを中心に説明する．

(1) 超音波加工

超音波加工には，大別すると加工対象を削り取るような除去加工と加工対象の変形を利用する非除去加工がある．除去加工には，超音波砥粒加工や超音波切削加工などがある．砥粒加工は，砥粒と呼ばれる高硬度の粒子（炭化ケイ素，ダイヤモンドなど）を用いて加工対象物を少しずつ削り取る方法である．図3・30(a)のように，ホーンの先端に取り付けた工具をBLT（☞2.4(i)(4)）で強力に振動させた状態で，工具と加工対象物との間に砥粒を混ぜた水を流し込むと，工具から振動エネルギーを得た砥粒が加工対象物にぶつかり，その表

3 超音波の応用

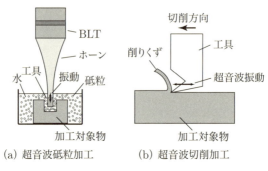

(a) 超音波砥粒加工　　(b) 超音波切削加工

図3・30　超音波砥粒加工と超音波切削加工

面を少しずつ削り取る．用いられる超音波の周波数は 20 kHz 程度が多く，振動変位は振幅 5 μm 程度である．超音波砥粒加工を用いると従来よりも高精度に加工でき，従来は困難であった硬くてもろい材料の加工もできることや，加工時間が大幅に短縮されるなどの特長がある．

　超音波切削加工は，工具に超音波振動を与えた状態で加工対象物を切削する．図3・30(b)は，工具にバイトを用いた超音波切削加工の概念図である．切削方向と同方向に超音波振動を加える場合，工具はまず切削方向と同じ方向に移動し，振動の最大値付近で加工対象に接触して切削を行う．その後，工具は切削方向に対して逆方向に移動し，加工対象から離れるため，その間は切削を行わない．次に，再び切削方向と同じ方向に移動，切削を行う．このように，工具は切削と移動を繰り返し，断続的に加工をすることで，工具にかかる力が少なくなり，加工精度が向上することや，切削に伴う発熱も少なくなるため，熱による加工対象物の変質などを防ぐことができる．一方で，切削が行われないタイミングがあるため加工に時間

がかかるといったデメリットもある．同じような原理で，外科用の超音波メスや超音波カッターも開発されている．

非除去加工には，超音波接合や超音波溶着などがある．一般に，2つの試料を接合する場合，原子間引力が働くくらいまで試料同士を密着させる必要がある．しかしながら，現実的には試料表面に汚れや酸化皮膜あるいは凹凸があるため，試料同士を密着することができず接合できない．そこで一般的には，接合部に機械的圧力（圧接）や熱などのエネルギーを加えることで試料同士を密着させて固体のまま接合する．超音波接合は，超音波振動により試料表面の汚れや酸化皮膜を取り除きながら圧接する加工法で，主に金属同士の接合に利用される．図3・31(a)のように，2つの金属試料を上下に重ね合わせた後，上部の試料に水平方向の超音波振動を加えながら下部の試料に押し当てると，超音波振動により両試料表面の酸化皮膜などの汚れが除去され接合される．超音波振動の周波数は 20 〜 40 kHz 程度で，振動変位は振幅 5 μm 程度である．超音波接合では熱を使用しないため，融点が異なる異種の金属の接合もできる．また，接合により金属の機械的，電気的な性質が変化することもない．半導体チップ上の電極部と導体端子の間のワイヤの接合にも用

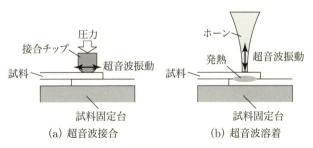

図3・31　超音波接合と超音波溶着

3 超音波の応用

いられており，超音波ワイヤボンディングとして活用されている．

超音波溶着は，図3・31(b)のように超音波振動と圧力により樹脂を部分的に溶融し，溶着する．熱可塑性(加熱すると変形しやすくなり，冷却すると再び固くなる性質)樹脂であればほぼ全てで加工可能で，加熱される範囲が狭いため，樹脂部品への熱的影響が少ないという特長がある．また，連続での溶着が可能であることや，溶着時間が短い，異物の混入がなく表面が汚れていても溶着可能といったメリットがある反面，大きい部品や複雑な形状，立体的な形状の溶着が難しいといったデメリットがある．

(2) 超音波アクチュエータ

超音波アクチュエータの代表例は，超音波モータであろう．一般的な電磁力で駆動するモータとはまったく構造と原理が異なり，超音波の共振を利用したモータである．1980年代に日本で発明され，現在主に一眼レフカメラの自動フォーカス機能や，一部の車載用モータやロボットなどに利用されている．進行波を利用する進行波型や2つの振動モードを利用する定在波型があり，それぞれに回転モータとリニアモータがある．ここでは，よく用いられる進行波型回転モータと進行波型リニアモータについて説明する．

進行波型回転モータは，図3・32(a)のようにロータ(回転子)と

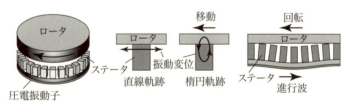

(a) 構造図　　(b) ステータの振動軌跡　　(c) ステータの進行波

図3・32　進行波型回転モータ

ステータ（固定子）で構成され，ロータはステータに対して押しつけられている．ステータの圧電振動子で超音波振動を発生させると，ステータとロータ間の摩擦によってロータが回転する．このとき，ロータと接触するステータの表面に発生する振動の軌跡が図(b)左のように直線であれば，ロータは振動するものの往復するのみで，ロータは回転せず静止したままとなる．ロータを一方向に回転させるには，図(b)右のようにステータ表面の振動軌跡を円または楕円形状にする必要があり，垂直方向の振動によりロータ・ステータ間の摩擦力を行きと帰りで変化させ，ロータを移動させることができる．さらに，圧電振動子の電極を分割して90°の位相差を付けることで振動モードを回転させて，図(c)のように全体として擬似的な進行波がステータ表面に励振されるようにしてロータを回転させている．ステータの超音波振動の振幅は，数 μm 程度であり，ロータの回転速度はステータの振動速度によって決定される．

一方，進行波型のリニアモータでは，図3・33のように金属棒の片端に超音波振動を加えることによりたわみ振動を発生させ，もう片端でその振動を吸収することによってたわみ進行波を発生させる．このとき，棒の表面の振動軌跡は楕円形状となるため，この棒の表面に押しつけられたスライダは摩擦を介してたわみ進行波の伝搬方向とは逆方向に移動する．

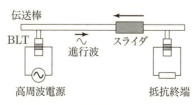

図3・33　進行波型リニアモータ

3 超音波の応用

　超音波モータは,小型で軽量化でき,低速で高いトルク,応答速度が速い,電磁ノイズを発生しない,位置決め精度が高いなどの特長をもつが,摩擦により駆動するためロータとステータの界面が摩耗することや,高周波電源が必要などの短所もある.

(3) 圧電トランス

　一般のトランスは,コイルの電磁誘導を利用して交流電圧の大きさを変換する電気機器である.一方,圧電トランスはそれとは原理や構造が全く異なり,コイルを用いずに圧電素子に発生する超音波振動を介して電圧を変換する.入力された電気エネルギーを逆圧電効果によっていったん機械(振動)エネルギーに変換し,圧電効果によって再び電気エネルギーに変換する.図3・34は,ローゼン型圧電トランスで,矩形の圧電素子の左半分の上下に入力電極,右側面には出力電極が設けられている.また,圧電素子の左半分は厚み方向に,右半分は長手方向にそれぞれ分極されている.入力電極に交流電圧が加わると,圧電素子全体が圧電横効果により長手方向に振動する.交流電圧の周波数を圧電トランスの共振周波数にすると小さな入力電圧で大きな超音波振動を励振できるため,出力電極には大きな電圧が発生する.圧電トランスは入力インピーダンスが低く,出力インピーダンスが高いため,高電圧出力が可能となる.また,小型でも変換効率が高く,構造が単純で平板形状であるため小型・

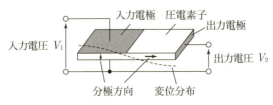

図3・34　圧電トランス(ローゼン型)

薄型・軽量化が可能である．これらの特長を活かし，主に液晶ディスプレイのバックライト用電源に用いられている．

3.3 機能的な応用

超音波の機能的な応用も多く実用化されている．超音波のパワー利用を目的としないため，信号的な応用の一部とも考えられるが，超音波振動の性質をうまく利用することで発振器やフィルタ，センサなど機能的でユニークなデバイスをコンパクトに実現できる．

(i) **水晶振動子**

水晶振動子は，水晶の圧電効果を利用して高い周波数精度の信号を発振させる受動素子の1つである．通信機器などの周波数信号源，クォーツ時計やデジタル回路のクロックとして膨大な数が使用されている．水晶振動子の材料は，不純物の多い天然水晶をそのまま使用するのではなく，一度天然水晶を溶解し，高温・高圧下で時間をかけて結晶を成長させた高純度の人工水晶を使用している．図3・35は，ATカット水晶振動子の構造である．ATカット水晶振動子は，加工しやすさ，周波数安定性の良さ（温度特性・経年変化など）などから非常に広く使用されている．特に，常温付近での温度変化に対する周波数変化が少ないことが大きな特長で，クォーツ時計がほとんど狂わない理由になっている．

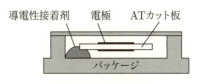

図3・35　水晶振動子

3 超音波の応用

(ii) ジャイロ

ジャイロ（ジャイロスコープ）は，角速度（単位時間あたりの回転角）を検出するセンサである．飛行機やロケット，自動車などの姿勢制御，ビデオカメラの手振れ防止の他，スマートフォンなどに広く用いられている．高精度や高信頼性が要求される用途には，光学方式などが用いられているが，圧電振動ジャイロは小型・安価などの特長があるため，主に民生用途に用いられている．図3・36は音片型の圧電振動ジャイロである．駆動用圧電素子で音片に屈曲振動を励振しておき，それに回転が加わると振動速度とは直交する方向にコリオリ力（回転体上を運動する物体に垂直に働いているように見える見かけの力）が発生する．それにより発生した新たな振動を検出用電極で検出すれば，角速度が求められる．

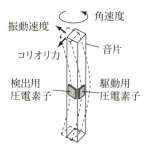

図3・36 振動ジャイロスコープの基本原理

シリコンMEMS技術を用いた静電駆動・検出型のジャイロも実用化されている．MEMS技術を用いると，小型化はもちろん，電力の節約など多くのメリットがあるため，近年いろいろな分野で普及しつつある．静電型MEMSジャイロは，図3・37のようにシリコンを微細加工して形成された静電型アクチュエータとセンサで構成さ

3.3 機能的な応用

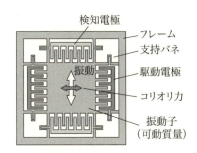

図3・37　静電型MEMSジャイロ

れる．駆動電極により往復振動を発生させ，コリオリ力によって発生した振動を検知電極で検出する．MEMSジャイロの開発により，小型・高信頼性・低価格化が実現したことで，スマートフォンを筆頭に広く搭載されている．

(iii) 弾性波デバイス

2.3(iii)で説明した弾性波を利用した機能性デバイスを弾性波デバイスという．弾性波デバイスは，弾性波の波長が電波に比べ数10万分の1であるため，小型化が容易なことが最大の特長である．その応用は，振動モードによって様々な種類があるが，ここではバルク弾性波(BAW)と表面弾性波(SAW)を利用したデバイスについて述べる．

(1) バルク弾性波デバイス

BAWデバイスは，固体中を伝わる縦波や横波を利用したデバイスで，最も単純なものは図3・38(a)のように圧電板の両面に電極を取り付けたBAW共振子(BAR)である．圧電板の厚みに対して半波長（もしくはその整数倍）になるように圧電板を共振させると，共振周波数付近で電気端子から見たインピーダンスが大きく変化する．こ

3 超音波の応用

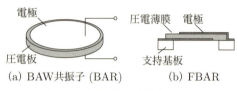

図3・38 BAW共振子とFBAR

れを利用すると，特定の周波数の電気信号を取り出すフィルタ回路ができる．BAW共振子は，小型化が容易なため移動体通信などのフィルタ回路として利用されるが，通信の大容量化に伴うGHz以上の高周波に対応するには，圧電板の薄膜化が必須になる．図(b)のように，自立した圧電薄膜によるBAW共振子をFBARと呼ぶ．基板上に圧電薄膜を成膜した後に，微細加工プロセスを用いて圧電薄膜の下の基板を取り除く方法で作成する．圧電材料には，窒化アルミニウムなどが用いられ，数100 MHz～10 GHz程度の周波数範囲のものが実現されている．

BAW共振子には，フィルタ回路以外に微量な質量センサとしての応用もある．共振子表面に物質が吸着すると，その質量に応じて共振周波数が低下する．これを質量負荷効果と呼び，この共振周波数変化を計測することで吸着した物質の質量が分かる．例えば，共振子表面に特定のガスを吸着する吸着層を設けておくと，ガス分子の吸着により共振周波数が低下することから，ガスセンサとして利用することができる．

液体中でBAW共振子の厚みすべりモードを利用すると，液体と共振子の境界付近では粘性によってわずかに液体が引きずられ，共振周波数が低下する．これを計測すれば，粘度変化が検出できる．さらに，図3・39のように共振子にレセプタ（抗体など）を固定して

3.3 機能的な応用

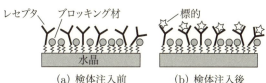

図3・39　バイオセンサ

おき，標的（抗原など）を含んだ検体を流すとレセプタと標的の結合によって共振周波数が低下する．これは，抗原抗体反応を検出するバイオセンサとして利用されている．このような質量センサの圧電材料としては，ATカット水晶が広く用いられ，特に水晶振動子微小天秤（QCM）センサと呼ばれる．

(2) 表面弾性波デバイス

表面弾性波（SAW）デバイスは，固体の表面付近にエネルギーを集中して伝搬する表面弾性波を利用したデバイスである．基本的な構造として，図3・40のように圧電体基板の上面にIDTを作製する．周期的に配置されたIDT間に高周波電界を印加すると，IDTの並んだ方向にSAWが伝わり，もう1つのIDTで，SAWを電気信号として受信できる．SAWの伝搬速度は圧電材料によって決まり，波長はIDTの周期で決まる．したがって，SAWデバイスもフィルタ回路として応用される．

図3・40　表面弾性波（SAW）デバイス

3 超音波の応用

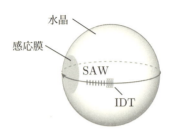

図3・41 ボールSAWセンサ

　また，SAW デバイスでも質量負荷効果を用いた質量センサが作製できる．IDT 間の SAW 伝搬路上に分子吸着層を設けておくと，分子が吸着した際の質量負荷によってSAW の伝搬速度が低下する．SAW 受信波形の到達時間差を位相変化として検出することにより，付着分子量が分かるためガスセンサなどに利用される．このセンサでは，分子の吸着層が長いほど吸着前後の到達時間差が大きくなり感度が向上する．しかしながら，単純に伝搬路を長くするとセンサを小型化できないため，球状の構造にすることでSAWを周回させて小型かつ高感度なボールSAWセンサが開発されている（図3・41）．

　一方，$LiTaO_3$ や水晶を特定の方向で切り出したときに励振されるSH波（横波）を用いたSH-SAWも開発されている．SH波は表面に対して平行な変位をもつことから，厚みすべりモードのBAW共振子と同様に表面がずれるような振動となる．したがって，バイオセンサや粘度センサとして応用される．伝搬路に導電性の液体を負荷した場合には，液体の導電率によってSAW の伝搬速度が変化するため，SAWの到達時間差の検出により導電率センサにも応用できる．

参考文献

音響全般

[1]　日本音響学会編：「ブルーバックス 音のなんでも小事典」，講談社，2007年．

[2]　日本音響学会編：「新版 音響用語辞典」，コロナ社，2004年．

[3]　中村健太郎著：「電気・電子・通信のための 音響・振動 基礎から超音波応用まで」，数理工学社，2020年．

[4]　電子情報通信学会編：知識ベース 知識の森(https://www.ieice-hbkb.org/portal/)．

超音波全般

[5]　超音波便覧編集委員会編：「超音波便覧」，丸善，1999年．

[6]　渡辺好章編著：「〈日本音響学会編〉音響学講座8 超音波」，コロナ社，2022年．

[7]　谷腰欣司著：「超音波とその使い方 超音波センサ・超音波モータ」，日刊工業新聞社，2004年．

[8]　谷腰欣司，谷村康行著：「トコトンやさしい超音波の本 第2版」，日刊工業新聞社，1994年．

[9]　本多電子株式会社編：「聞こえない音の世界 超音波ハンドブック」，本多電子，2007年．

第1章

[10]　コウモリの会編：「識別図鑑 日本のコウモリ」，文一総合出版，2023年．

[11] 手嶋優風, 土屋隆生, 飛龍志津子著:「コウモリのエコーロケーション —音で"見る"術に学ぶ—」, 電子情報通信学会通信ソサイエティマガジン, No.61, 夏号, 2022年.

[12] 赤松友成ほか著:「〈日本音響学会編〉音響サイエンスシリーズ20 水中生物音響学 —声で探る行動と生態—」, コロナ社, 2019年.

[13] 赤松友成著:「イルカのエコーロケーションと鳴音発生戦略（音によるコミュニケーション：その進化と個体発達）」, 日本音響学会誌, 第52巻, 523–528, 1996年.

第2章

[14] 富川義朗編:「超音波エレクトロニクス振動論:基礎と応用」, 朝倉書店, 1998年.

[15] 池田拓郎著:「圧電材料学の基礎」, オーム社, 1984年.

[16] 森田剛著:「圧電現象」, 森北出版, 2017年.

[17] 三浦光著:「強力空中超音波の利用における技術動向」, 計測と制御, 63巻4号, pp.206-211, 2004年.

[18] 鎌倉友男著:「非線形音響学の基礎」, 愛智出版, 1996年.

[19] 鎌倉友男編著:「〈日本音響学会編〉音響テクノロジーシリーズ18 非線形音響 —基礎と応用—」, コロナ社, 2014年.

[20] 野村英之著:「音響放射圧とその応用（〈小特集〉非線形音響技術の最先端 〜医療から航空宇宙まで〜）」, 日本機械学会誌, 第119巻1167号, 2016年.

[21] 三留秀人著:「音響流の発生機構について」, 電子情報通信学会論文誌 A, Vol.J80-A, No.10, pp.1614-1620, 1997年.

[22] 海洋音響学会編:「海洋音響の基礎と応用」, 成山堂書店, 2004年.
[23] 坂本眞一, 渡辺好章著:「はじめての熱音響」, 日本音響学会誌, 第74巻6号, pp.326-329, 2018年.
[24] 冨永昭著:「熱音響工学の基礎」, 内田老鶴圃, 1998年.
[25] 琵琶哲志著:「〈日本音響学会編〉音響テクノロジーシリーズ21 熱音響デバイス」, コロナ社, 2018年.

第3章

[26] 日本塑性加工学会編:「超音波応用加工」, 森北出版, 2004年.
[27] 日本電子機械工業会編:「超音波工学」, コロナ社, 1993年.
[28] 浅田隆昭著:「空中超音波トランスデューサの概要 ―現状と今後について―」, 日本音響学会誌, 第76巻5号, pp.271-278, 2020年.
[29] 海老原格, 小笠原英子著:「海洋開発を支える水中音響通信」, 日本音響学会誌, 第72巻8号, pp.471-476, 2016年.
[30] 甘糟和男著:「水産資源の音響調査技術の動向 ―計量魚群探知機における広帯域音波の利用―」, 日本音響学会誌, 第75巻1号, pp.12-16, 2019年.
[31] 谷口直和, 小笠原英子著:「海洋音響トモグラフィの近年の動向」, 日本音響学会誌, 第75巻1号, pp.35-40, 2019年.
[32] 松山真美, 山口匡, 長谷川英之編著:「〈日本音響学会編〉音響サイエンスシリーズ23 生体組織の超音波計測」, コロナ社, 2022年.
[33] 坂本眞一, 渡辺好章著:「熱音響技術の環境システムへの応

用にむけて」，日本音響学会誌，第66巻7号，pp.339-344，2010年.

[34] 梅村晋一郎著:「集束超音波治療」，電子情報通信学会 基礎・境界ソサイエティ Fundamentals Review，8巻3号，pp.168-176，2015年.

[35] 江刺正喜著:「MEMS（電気機械システム）の産業展開」，成形加工，第18巻1号，pp.42-46，2006年.

[36] 近藤淳，工藤すばる著:「〈日本音響学会編〉音響テクノロジーシリーズ23 弾性表面波・圧電振動型センサ」，コロナ社，2010年.

[37] 荻博次著:「無線振動子バイオセンサの原理と応用」，電子情報通信学会 基礎・境界ソサイエティ Fundamentals Review，11巻3号，pp.180-185，2018年.

[38] 山中一司著:「ボールSAWセンサの原理と応用」，日本音響学会誌，第67巻8号，pp.351-355，2011年.

索　引

アルファベット

ADAS ………………………… 111
AE …………………………… 126
AM …………………………… 10
AT カット …………………… 66
A（Amplitude）モード ……… 120
BAW 共振子 ………………… 145
BLT …………………………… 77
B（Brightness）モード ……… 120
CF-FM コウモリ …………… 11
dB …………………………… 39
EMAT ………………… 75, 126
FBAR ………………………… 146
FFT …………………………… 37
FM …………………………… 10
FM コウモリ ………………… 11
FM パルス …………………… 10
HIFU ……………… 1, 103, 135
IDT …………………… 76, 147
MEMS ………………… 80, 144
M（Motion）モード ………… 120
PVDF ………………… 64, 81
PZT …………………………… 64
P 波 …………………………… 22
QCM ………………………… 147
SAW …………………………… 61
SH-SAW ……………………… 148
SH 波 ………………… 61, 148
SOFAR ……………………… 51
SV 波 ………………………… 61
S 波 …………………………… 22
TI …………………………… 103

あ

亜音速 ………………………… 55
アクチュエータ ……………… 137
アクティブ方式 ……………… 115
アコースティック・エミッション … 126
圧壊 …………………………… 104
圧縮率 ………………………… 58
圧電基本式 …………………… 67
圧電結晶 ……………………… 64
圧電効果 ……………………… 63
圧電振動ジャイロ …………… 144
圧電すべり効果 ……………… 66
圧電性 ………………………… 63
圧電セラミックス …………… 64
圧電体 ………………………… 63
圧電縦効果 …………………… 65
圧電電圧定数 ………………… 67
圧電トランス ………………… 142
圧電歪定数 …………………… 67
圧電横効果 …………………… 65
厚みすべり振動 ……………… 66
アナログ変調方式 …………… 114
アブラコウモリ ……………… 9
イエコウモリ ………………… 9
位相 …………………………… 24
位相共役波 …………………… 29

位相変調方式	114
位置エネルギー	19
異方性	57, 89
医用超音波	119
医療画像診断	120
インパルス波	25
インピーダンス整合	72
運動エネルギー	19
エオルス音	41
エコー	7, 9, 85
エコーロケーション	9
エッカルト型	97
エネルギー閉じ込め	68
応力	56
音の強さ	39
音圧	38
音圧波形	80
音圧レベル	39
音響インテンシティ	39
音響インピーダンス	52
音響キャビテーション	104
音響整合層	71
音響トモグラフィ	118
音響ピンセット	130
音響放射力	96
音響流	97
音源	40
音線	49
音速	41
音速の壁	55
音場	40
音波	37

か

カージオイド	27
壊食	104
回折	29
回折波	30
解像度	86
海中ロボット	114
ガイド波	126
拡散減衰	45
角速度	144
重ね合わせの原理	30
可聴音	2
カット	66
加熱凝固法	134
可変焦点レンズ	136
カラードップラー法	122
カルマン渦	41
干渉	30
緩和	45
緩和吸収	45
擬音	113
機械的品質係数	67
気柱の振動	53
基本振動	34
逆圧電効果	63
逆位相	34
逆磁歪効果	73
キャビテーション	104
キャピラリ波	132
吸音	48
吸音材料	48
吸音率	48

項目	ページ
吸収係数	46
吸収減衰	45
球面波	24
キュリー温度	67
境界	32, 51
境界条件	32, 52
共振	19, 33
共振周波数	19, 33
強制振動	19
共鳴	34
強誘電体	65
強力集束超音波	133
強力超音波	77, 102
魚群探知機	117
距離減衰	45
距離分解能	86
屈折	27
クリックス	14
群体エコー	117
クントの実験	98
形状弾性	56
計量魚群探知機	117
減衰	45
構造減衰	47
高速フーリエ変換	37
高調波	94
剛壁	53
コウモリ	8
呼吸球	40
国際標準大気	43
極超音速	55
骨梁	90
固定端	32
古典吸収	45
固有音響インピーダンス	52
固有周期	19
固有周波数	19, 33
固有振動	19, 33
固有モード	33
コリオリ力	144
コンデンサマイクロホン	79
コンベックス走査	121

さ

項目	ページ
最小可聴音圧	38
サイドローブ	87
差音	95
散乱減衰	45
時間波形	24
時間分解能	88
時間領域	37
指向性	35, 87
実体波	60
質量センサ	146, 148
質量負荷効果	146
自発分極	65
ジャイロ	144
斜角探傷法	126
斜角探触子	75
シャドーゾーン	50
周期	2, 24
自由端	32
周波数	2
周波数スペクトル	37
周波数定常	11
周波数変調	10

周波数領域	37	生物ソナー	14
ジュール効果	73	セクタ走査	121
シュリーレン法	80	セラミックス	63
シュリヒィティング型	97	遷音速	55
衝撃波	5, 55, 94, 104	線形	30
衝撃波面	55	センサ	6, 68
磁歪	70, 72	先進運転支援システム	111
磁歪トランスデューサ	73	せん断応力	56
シングルバブルソノルミネッセンス	105	せん断ひずみ	56
人工ソナー	14	走査	120
進行波型回転モータ	140	創造科学教育夏期研修	74
進行波型リニアモータ	140	ソーナー	115, 117
振動	3, 17, 19	送波	4
振動子	68	素元波	26
振動数	2	ソナー	14, 117
振動モード	33	ソニックブーム	55
振幅変調	10	ソノルミネッセンス	104
振幅変調方式	114	ソフトフェライト	74
水晶	63	疎密波	22
水晶振動子	143		
水晶振動子微小天秤	147	**た**	
垂直応力	56	ターゲットストレングス	117
垂直探傷法	126	ダイアフラム	79
垂直探触子	75	体外衝撃波結石破砕	134
垂直ひずみ	56	体積後方散乱強度	118
スタック	107	体積弾性	56
ステータ	141	体積弾性率	58
スネルの法則	49	体積波	61
スピーカ	69	体積ひずみ	58
スペクトル	37	タイタニック号	115
スペクトログラム	10	対流圏	43
成層圏	43	縦振動	59
		縦弾性係数	57

縦波	22	超音波浮揚	97
たわみ振動	59	超音波ホモジナイザー	133
探触子	74	超音波マニピュレーション	129
単振動	17	超音波霧化	132
弾性	18, 56	超音波モータ	7, 140
弾性振動	56	超音波溶着	139
弾性体	56	超音波ワイヤボンディング	140
弾性係数	57	強い衝撃波	94
弾性波	60	定在波	30, 33
弾性波デバイス	145	ディリクレ境界条件	32, 53
弾性表面波	61	デジタル変調方式	114
単体エコー	117	点音源	41
断熱	107	点波源	25
チタン酸ジルコン酸鉛	64	電気音響変換器	68
チタン酸バリウム	64	電気機械結合係数	67
駐車支援システム	111	伝搬	21, 22
超音速	55	同位相	34
超音波	1	透過係数	52
超音波アクチュエータ	137	透過波	27
超音波エコー検査	1	透過率	52
超音波加工	137	等体積波	61
超音波顕微鏡	127	動電型	69
超音波診断装置	1, 120	等方性	57
超音波切削加工	137	特性インピーダンス	39, 52
超音波接合	139	ドップラー効果	12, 54
超音波センサ	7, 110	ドップラーシフト周波数	89
超音波洗浄	131	ドップラーシフト補償行動	12
超音波探傷	125	ドップラー信号	89
超音波砥粒加工	137	トランスデューサ	68
超音波ハイパーサミア	134	トルク	60
超音波ハプティクス	130		
超音波暴露	112		
超音波ビーム	120		

な

- 波 … 17, 21
- 波の独立性 … 30
- ニードル型 … 81
- ニオブ酸リチウム … 64
- 入射波 … 27
- ねじり振動 … 60
- 熱音響現象 … 107
- 熱音響発電 … 130
- 熱音響ヒートポンプ … 107
- 熱音響冷却システム … 130
- 熱フォノン … 101
- 粘性 … 45
- 粘性減衰 … 47
- 粘弾性体 … 47
- ノイマン境界条件 … 32, 53

は

- 場 … 40
- ハードフェライト … 74
- バイオセンサ … 147
- 媒質 … 21
- ハイドロホン … 81
- ハイパーサミア … 134
- 波形 … 24
- 波形ひずみ … 93
- 波源 … 24
- 波長 … 23
- バッキング材 … 71
- バックプレート … 79
- パッシブ方式 … 115
- バネ定数 … 19
- 波動性 … 29
- 波面 … 24
- 腹 … 31
- パラメータ励振 … 20
- パラメトリックアレー … 95
- パラメトリックスピーカ … 112
- バルク弾性波 … 145
- バルク波 … 60
- パルス … 7, 9
- パルスエコー法 … 7, 85, 109
- パルスドップラー法 … 89
- パワー … 39
- 反射 … 27
- 反射係数 … 52
- 反射波 … 9, 27
- 反射率 … 52
- 半値角 … 87
- 半値幅 … 87
- ビーム … 87
- ピエゾ効果 … 64
- 光超音波 … 77
- 光超音波イメージング … 124
- 光ファイバハイドロホン … 82
- 微小振幅音波 … 93
- ヒステリシス減衰 … 47
- ピストン音源 … 86
- ひずみ … 56
- ひずみ速度 … 47
- 非線形 … 92
- 非線形現象 … 93
- 非線形効果 … 4
- 比熱比 … 41
- 非破壊検査 … 75, 125

表面弾性波	60, 145, 147
表面弾性波(SAW)デバイス	147
表面波	61
ビラリ効果	73
ファイバブラッググレーティング	83
ファブリ・ペロー共振器	82
ファントム電源	80
フーリエ逆変換	37
フーリエ級数	36
フーリエ変換	37
フェライト	73
不均一	89
復元力	18
復調	115
節	31
フックの法則	18
ブラッグの条件	101
ブラッグ反射	101
ブリユアン(ブリルアン)散乱	101
ブリユアン散乱測定	101
ブリユアンピーク	101
プローブ	121
分解能	11, 86, 121
分極	64
分極処理	65
分散性	60
平面応力	58
平面波	24
平面ひずみ	58
変位	17
変調	10, 114
ポアソンの法則	38
ポアソン比	57
ホイッスル	15
ホイヘンス=フレネルの原理	27
ホイヘンスの原理	26
ボイルの法則	38
方位分解能	87
放射	4
ボールSAWセンサ	148
ホーン	79
ポテンシャル	19
ポリフッ化ビニリデン	64, 81
ボルト締めランジュバン振動子	77

ま

マイクロジェット	106
曲げ振動	59
マッハ数	55
マルチバブルソノルミネッセンス	105
無限大バッフル板	86
メインローブ	87
メロン	14
メンブレン型	81
モスキート音	4
モデル	21

や

ヤング率	57
有限振幅音波	93
誘電損失	67
誘電体	64
誘電体セラミックス	64
誘電分極	64

横振動・・・・・・・・・・・・・・・・・・・・・・ 59
横弾性係数・・・・・・・・・・・・・・・・・ 57
横波・・・・・・・・・・・・・・・・・・・・・・・・・ 22
弱い衝撃波・・・・・・・・・・・・・・・・・ 94

ら

ラブ波・・・・・・・・・・・・・・・・・・・・・・ 61
ラマン - ナス回折・・・・・・・・・・・ 100
ラム波・・・・・・・・・・・・・・・・・・・・・・123
ランジュバン型・・・・・・・・・・・・・・ 72
リニア走査・・・・・・・・・・・・・・・・・ 121
リバウンド振動・・・・・・・・・・・・・・104
リボンツイータ・・・・・・・・・・・・・・ 69
粒子・・・・・・・・・・・・・・・・・・・・・・・・・ 37
粒子速度・・・・・・・・・・・・・・・・・・・・ 37
流体・・・・・・・・・・・・・・・・・・・・・・・・・ 22
リンギング・・・・・・・・・・・・・・・・・・ 70
励振・・・・・・・・・・・・・・・・・・・・・・・・・ 67
レイリー型・・・・・・・・・・・・・・・・・・ 97
レイリー波・・・・・・・・・・・・・・・・・・ 61
レイリーピーク・・・・・・・・・・・・・101
レザドップラー振動計・・・・・・・・ 83
ロータ・・・・・・・・・・・・・・・・・・・・・・140

わ

和音・・・・・・・・・・・・・・・・・・・・・・・・・ 95

おわりに

　本書では超音波について，その基礎となる物理メカニズムから応用技術まで広い範囲に渡って紹介した．一般的に「超音波」と聞いてイメージしやすいエコー診断や魚群探知機，メガネの洗浄装置以外にも，普段何気なく使っているスマートフォン内部の部品にも使われていることを知り，本書を読むことによってより超音波が身近な存在になったかと思う．なお本書を執筆にするにあたり，高校生を含めた超音波の初学者にとって理解しやすいよう，出来るだけ複雑な数式を用いることなく，わかりやすい表現で説明することを心懸けた．そのため，本書は教科書的な専門書というよりは，現在様々なところで使われている超音波技術の概要を簡単に知るために気負わず気軽に手にとって頂ける「読み物」として相応しいかと思う．したがって，本書をきっかけとして超音波に興味を持って頂いた方は，より専門的な書籍に進むことをお薦めする（もちろんこれらの専門書はたくさんの数式を含むだろう）．

　また本書では同志社大学超音波応用科学研究センターのメンバーがそれぞれの専門とする研究分野に近い項目を分担して執筆している．本センターのメンバーは必ずしも執筆時（2024年）現在の本務機関が同志社大学である訳ではなく，全国津々浦々の大学・研究機関に所属しているメンバーも多い．そのため「超音波を使ってこんなことができないかな」，「超音波についてもっと知りたいので教えて欲しい」と思われた読者諸氏は，本センターにご連絡頂ければ相応しいメンバーをご紹介することも可能かもしれない（センターHP:

https://use.doshisha.ac.jp/aurc)．好奇心は発明の源であるので，本書によって今後少しでも超音波人口が増え，将来の超音波技術の発展に繋がれば著者の一人として嬉しい限りである．最後に本書の執筆機会を与えて頂いた電気書院編集部関係各位の皆様に感謝申し上げる．

2024年11月　小山大介

編著者・著者紹介

土屋隆生（つちや　たかお）　編著
1989年　同志社大学大学院工学研究科博士後期課程修了，工学博士
現職　　同志社大学理工学部教授
数値音響学に関する研究に従事

同志社大学超音波応用科学研究センター　著

小山大介（こやま　だいすけ）
2005年　同志社大学大学院工学研究科博士後期課程修了，
　　　　博士（工学）
現職　　同志社大学理工学部教授，
　　　　同志社大学超音波応用科学研究センター長
超音波応用デバイスに関する研究に従事

松川真美（まつかわ　まみ）
1988年　同志社大学大学院工学研究科博士前期課程修了，
　　　　博士（工学）
現職　　同志社大学理工学部教授
超音波物性，超音波計測に関する研究に従事

坂本眞一（さかもと　しんいち）
2005年　同志社大学大学院工学研究科博士後期課程修了，
　　　　博士（工学）
現職　　滋賀県立大学工学部教授
熱音響システムの開発，機械故障の予知技術，超音波センサを活用した医療応用に関する研究に従事

飛龍志津子 (ひりゅう　しづこ)
2006年　同志社大学大学院工学研究科博士後期課程修了，
　　　　博士（工学）
現職　　同志社大学生命医科学部教授
生物音響工学に関する研究に従事

吉田憲司 (よしだ　けんじ)
2008年　同志社大学大学院生命医科学研究科博士後期課程修了，
　　　　博士（工学）
現職　　千葉大学フロンティア医工学センター准教授
医用超音波に関する研究に従事

水野勝紀 (みずの　かつのり)
2012年　同志社大学大学院生命医科学研究科博士後期課程修了，
　　　　博士（工学）
現職　　東京大学大学院新領域創成科学研究科准教授
水中音響学に関する研究に従事

髙柳真司 (たかやなぎ　しんじ)
2014年　同志社大学大学院工学研究科博士後期課程修了，
　　　　博士（工学）
現職　　同志社大学生命医科学部准教授
圧電材料・デバイスに関する研究に従事

手嶋優風 (てしま　ゆう)
2022年　同志社大学大学院生命医科学研究科博士後期課程修了，
　　　　博士（工学）
現職　　海洋研究開発機構・特任研究員
海中・生物音響学に関する研究に従事

スッキリ！がってん！　超音波の本

2025年 1月20日　第1版第1刷発行

編著者　土屋　隆生
著　者　同志社大学
　　　　超音波応用科学研究センター
発行者　田中　聡

発　行　所
株式会社 電気書院
ホームページ　www.denkishoin.co.jp
（振替口座　00190-5-18837）
〒101-0051　東京都千代田区神田神保町1-3 ミヤタビル2F
電話(03)5259-9160／FAX(03)5259-9162

印刷　中央精版印刷株式会社
Printed in Japan／ISBN978-4-485-60055-9

• 落丁・乱丁の際は，送料弊社負担にてお取り替えいたします．

JCOPY 〈出版者著作権管理機構 委託出版物〉

本書の無断複写（電子化含む）は著作権法上での例外を除き禁じられています．複写される場合は，そのつど事前に，出版者著作権管理機構（電話：03-5244-5088, FAX: 03-5244-5089, e-mail: info@jcopy.or.jp）の許諾を得てください．また本書を代行業者等の第三者に依頼してスキャンやデジタル化することは，たとえ個人や家庭内での利用であっても一切認められません．

[本書の正誤に関するお問い合せ方法は，最終ページをご覧ください]

書籍の正誤について

万一,内容に誤りと思われる箇所がございましたら,以下の方法でご確認いただきますようお願いいたします.

なお,正誤のお問合せ以外の書籍の内容に関する解説や受験指導などは**行っておりません**.このようなお問合せにつきましては,お答えいたしかねますので,予めご了承ください.

正誤表の確認方法

最新の正誤表は,弊社Webページに掲載しております.書籍検索で「正誤表あり」や「キーワード検索」などを用いて,書籍詳細ページをご覧ください.
正誤表があるものに関しましては,書影の下の方に正誤表をダウンロードできるリンクが表示されます.表示されないものに関しましては,正誤表がございません.

弊社Webページアドレス
https://www.denkishoin.co.jp/

正誤のお問合せ方法

正誤表がない場合,あるいは当該箇所が掲載されていない場合は,書名,版刷,発行年月日,お客様のお名前,ご連絡先を明記の上,具体的な記載場所とお問合せの内容を添えて,下記のいずれかの方法でお問合せください.
回答まで,時間がかかる場合もございますので,予めご了承ください.

郵送先　〒101-0051
東京都千代田区神田神保町1-3
ミヤタビル2F
㈱電気書院　編集部　正誤問合せ係

ファクス番号　03-5259-9162

弊社Webページ右上の「**お問い合わせ**」から
https://www.denkishoin.co.jp/

お電話でのお問合せは,承れません

(2022年5月現在)